Sonderdruck aus den

ABHANDLUNGEN DER DEUTSCHEN AKADEMIE DER WISSENSCHAFTEN ZU BERLIN

Klasse für Mathematik, Physik und Technik
Jahrgang 1959 Nr. 3

MAX WOLF

HEIZKRAFTWERKE AUF LUFT- UND GASTURBINENGRUNDLAGE

Mit 47 Abbildungen und 11 Zahlentafeln

AKADEMIE-VERLAG · BERLIN
1959

Vorgelegt von den Hrn. Boie und Faltin in der Gesamtsitzung vom 19. Februar 1959
Druck genehmigt am gleichen Tage, ausgegeben am 18. Dezember 1959

Erschienen im Akademie-Verlag GmbH, Berlin W 1, Leipziger Str. 3—4
Lizenz-Nr. 202 · 100/750/59
Satz und Druck: Druckhaus „Maxim Gorki", Altenburg
Bestellnummer: 2001/59/I/3
Preis: DM 8,60
Printed in Germany
ES 20 D 2

INHALTSVERZEICHNIS

I. Einführung 5

A. Einteilung der Gasturbinen, Stromkennziffern 5
B. Brennstoffprobleme 6
C. Brennstoffkosten und Wirtschaftlichkeit 7

II. Luftturbinen-Heizkraftwerke 9

A. Grundsatzüberlegungen 9
1. Vorteile des Luftturbinenprozesses 9
2. Luftturbinen-Heizkraftwerke mit festen Brennstoffen 10
3. Prinzipschaltung der beiden ersten 2-MW-Anlagen 11
4. Luftturbinen mit 6 und 12,5 MW Leistung 12
5. Ausgeführte Anlagen 12

B. Technische Sonderfragen der Heißluftturbinen 16
1. Der Lufterhitzer 16
a) Einführung 16
b) Beschreibung eines Lufterhitzers 17
c) Auslegung von Lufterhitzern für größere Anlagen 18
2. Turbinen und Kompressoren 21
3. Wärmetauscher 24
C. Wirkungsgrad der Anlagen unter Berücksichtigung der Wärmeabgabe 26

III. Gasturbinen-Heizkraftwerke (offener Kreislauf) 27

A. Einführung 27
B. Ausgeführte Gasturbinenkraftwerke 28
1. Gasturbinenzentrale Neuenburg in der Schweiz 28
2. Elektrizitätswerk Filaret, Bukarest 29
3. Zweiwellen-Gasturbinenanlage im Elektrizitätswerk Santa Rosa, Lima/Peru 30
4. Gasturbinenkraftwerk Beznau der Nordostschweizerischen Kraftwerke AG, Schweiz 33
C. Fernwärmeversorgung aus Gasturbinen 35
D. Vergleich von Luft-, Dampf- und Gasturbinen 36

IV. Heizkraftwerke mit Freikolbengeneratoren 38

A. Einführung 38
B. Vergleich einer Frischgasturbine mit einer Freikolbenturbine 40
C. Die Freikolbenanlage im Heizkraftwerk 41

V. Kombinierte Heizkraftwerke 42

A. Mit klassischen Wärmequellen 42
1. Einführung 42
2. Heizkraftwerke mit Dampf- und Luftturbinen 42
3. Heizkraftwerke mit Heißluft-, Dampf- und offener Gasturbine 43
4. Heizkraftwerke mit Dampfkessel und mit vorgeschalteter Gasturbine 43
5. Heizkraftwerke mit Dampfkessel und mit nachgeschalteter Gasturbine . . . 45

6. Heizkraftwerke mit dem halbgeschlossenen Gasturbinenprozeß von Sulzer . . 45
7. Heizkraftwerk in Verbindung mit Gasentspannungsturbinen 48
8. Heizkraftwerk mit Freikolbengeneratoren in Verbindung mit Dampfanlagen 50
B. Heizkraftwerke mit nuklearen Wärmequellen 52
1. Einführung 52
2. Nukleare Heizkraftwerke auf Dampfgrundlage 53
3. Kernkraftwerk mit Luftturbinen 55
4. Kernkraftwerke mit offenen Gasturbinen 57

VI. Wirtschaftliche Aussichten von Heizkraftwerken 58
A. Planungsvoraussetzungen 58
B. Durchgeführte Wirtschaftlichkeitsrechnungen 58
1. Ausgangszahlen der Untersuchung 58
a) Elektrische und Wärmeausgangszahlen 58
b) Anlagekosten 59
2. Wirtschaftlichkeit bei 8% Zinsen 59
3. Wirtschaftlichkeit bei verändertem Zinssatz 60
4. Wirtschaftlichkeit bei einer Zusatzkostenrechnung 61
5. Imponderabilien 61

VII. Schlußwort 62

Literaturübersicht 63

I. EINFÜHRUNG

A. Einteilung der Gasturbinen, Stromkennziffern

Fernwärmeversorgungen und Heizkraftwerke, Werke, die neben der Wärme auch elektrische Arbeit abgeben, sind in den früheren Jahrzehnten überwiegend mit Dampf betrieben worden. Nur die größten Anlagen dieser Art waren einigermaßen rentabel. Allmählich setzte sich die Überlegung durch, ob es nicht richtiger sei, Heiß- und später Warmwasser zu verteilen. Einfache thermodynamische Betrachtungen führten zu diesem Ergebnis und vor allem auch die Tatsache, daß der höhere elektrische Gewinn mit den seit Jahren steigenden Erlösen für die elektrische Arbeit einen Anreiz bot, aus dem Kuppelproduktionsprozeß möglichst viel Elektrizität zu gewinnen.

Aus ganz anderen Überlegungen heraus gingen dann einige große Werke noch daran, die Warmwasserverteilung wirtschaftlicher durch Vergrößerung des Temperaturgefälles zu gestalten. Unabhängig davon kam mein Mitarbeiter, Herr. Dr.-Ing. JUNGE, zu gleichen Ergebnissen und Temperaturgefällen zwischen Vor- und Rücklauf von 70 bis 100° C. Damit wurden nicht nur erhebliche Netzverbilligungen möglich, sondern auch eine Regulierung der angeforderten Wärme und ihre Abrechnung mit einfachen Warmwassermessern.

Einen ungewöhnlich glücklichen Zufall bedeutete es nun, daß die von ACKERET und KELLER entwickelten Heißluftturbinen Kompressoren benötigten, deren Wärme mit solchen Temperaturen abgeführt werden mußte, wie sie für eine Warmwasserverteilung zweckmäßig waren. Da die Luftturbine zudem eine Maschinengattung war, die auch bei kleinen Einheiten technische Wirkungsgrade erzielte wie die großen Dampfturbinen, war die Möglichkeit geschaffen, auch kleinere und mittlere Heizkraftwerke zu betreiben und Mittelstädte sowie Industriebetriebe mit technisch und wirtschaftlich hohen Wirkungsgraden zu beliefern.

Abgesehen von diesen Wirkungsgraden, die bei mittleren und kleinen Einheiten bei 30 vH und darüber liegen, gelang es auch, die Stromkennziffer, das ist die Ausbeute an kWh je Million kcal, zu steigern. Während man für Dampfkraftanlagen, die auf Dampfnetze arbeiten, mit einer Stromausbeute von 100 bis 200 kWh je Million kcal rechnen kann, erreicht man bei der Warmwasserverteilung 500 bis 600 kWh/Mio kcal. Im Heißluftturbinenprozeß werden diese Stromkennzahlen leicht erreicht und oft überschritten.

Die offene Gasturbine weist diese Vorzüge nicht auf, soweit sie — wie in Europa — nur als Reserve-, Spitzen- oder allenfalls als Mittellastmaschine eingesetzt wird. Auch ist die unmittelbare Kühlung der Kompressoren noch nicht so entwickelt worden wie bei den Luftturbinen, so daß die Wärmeabfuhr nicht entsprechend den Bedürfnissen der Verbraucher betrieben werden kann. Man zieht daher hier die Ausnützung der Abwärme in einem Abhitzekessel vor.

Einen erheblichen technischen Fortschritt brachte wiederum der Freikolbengenerator, der die Vorzüge des Dieselprozesses mit den Vorteilen des offenen Gasturbinenprozesses verknüpft, ohne seine Nachteile in Kauf nehmen zu müssen. Außerdem ist das Heizkraftproblem auf die verschiedenste Weise vorteilhaft zu lösen.

Damit ist die Disposition meines Vortrages gegeben. Ich werde zunächst die Luftturbinen-, die Gasturbinen- und schließlich die Heizkraftwerke mit Freikolbengeneratoren behandeln. Es folgen die kombinierten Kraftwerke auf konventioneller Grundlage und schließlich die mit Kernreaktoren. Zunächst will ich aber noch einige Bemerkungen vorausschicken, die alle konventionellen Werke angehen.

B. Brennstoffprobleme

Für die ortsfeste Energieerzeugung mit Gasturbinen ist die unmittelbare Verfeuerung von Kohlenstaub noch nicht gelöst. Die Firma BBC, die immerhin auf dem westeuropäischen Markt führend ist, hat kürzlich durch ihren Chefkonstrukteur erklären lassen, daß man die Versuche, offene Gasturbinen mit Kohlenstaub zu befeuern, endgültig aufgegeben habe. Damit hätte die ortsfeste kohlenstaubgefeuerte Gasturbine dasselbe Schicksal erfahren wie der kohlenstaubgefeuerte Dieselmotor, der in Deutschland unter dem Namen Rupa-Motor (nach seinem Entwickler Rudolf Pawlikowski, Görlitz, genannt) bekannt geworden ist. Bekanntlich hatten auch Rudolf Diesel derartige Motoren vorgeschwebt.

Die Schwierigkeiten der Verbrennung von schwerem Heizöl bei Temperaturen über 650° C werden durch den Angriff des Vanadiumpentoxyds bis heute nur bedingt beherrscht. Der Zusatz von Dolomit ist möglich, aber kostspielig. Man muß also entweder unter den Temperaturen von 650°C bleiben oder hochwertige Öle verwenden, die entsprechend teuer sind. Über Versuche in dieser Hinsicht berichtete W. C. VICKERS von der Firma Ruston and Hornsky, Lincoln/England, in einem Vortrag am 27. 3. 1958 vor der Vereinigung Industrielle Kraftwirtschaft in Essen.

Das Problem der schweren Heizöle ist die Korrosion und die Ablagerung hauptsächlich von Vanadium und Natrium, die in der Asche enthalten sind. Diese Metalle bilden eine Reihe Eutectica, die bei 650°C, also bei der normalen Arbeitstemperatur der Gasturbinen, weich oder sogar geschmolzen sind. Die Klebrigkeit der Asche erklärt die Ablagerung auf den Schaufeln. Aber diese beiden Metalle greifen die Hochtemperaturwerkstoffe durch metallurgische Verbindungen mit ihren äußeren Schutzschichten stark an und erlauben das Durchdringen von Schaufeln, die sonst normalerweise widerstehen würden. Die Entfernung des Vanadiums ist sehr teuer; man hat sich daher viel Arbeit mit Additiven gemacht, die in verschiedener Form entweder dem Brennstoff selbst oder in die Verbrennungszone zugeführt werden können. Jedenfalls kann man den Korrosionsverlauf so verringern, daß man heute Brennstoffe, die Vanadium enthalten, verbrennen kann. Das Verhältnis Natrium zu Vanadium sollte niedriger als 1:3 gehalten werden.

Der harte Belag auf den Schaufeln wird durch den Thermoschock entfernt, indem man die Turbine mehrfach kurzzeitig stillsetzt und wieder anfährt. Auch durch Wassereinspritzen hat man Erfolge erzielt, ebenso ist die Scheuerwirkung von festen organischen Bestandteilen, die man in den Gasstrom einblies, für die Entfernung des Belages zweckmäßig gewesen, während sich anorganische Mittel, wie zum Beispiel gesiebter Sand, nicht bewährt haben.

Neuerdings wurden auch zwei Verfahren bei der General Electric Comp. entwickelt, deren Kosten niedrig sind. Nach dem einen Verfahren wird das aufgeheizte Rohöl mit einer Waschlösung gemischt, durch zwei Zentrifugen geleitet und in einem Reinöltank gespeichert. Der Schlamm aus beiden Maschinen geht zu einem Absetztank; von dort wird die obere Ölschicht ohne Unterbrechung in den unteren Teil der ersten Zentrifuge zurückgepumpt. Die ausgeschiedenen festen Bestandteile sammeln sich am Boden des Tanks, das Wasser wird abgezogen. Da Bunker-C-Öl bisweilen die gleiche Dichte wie Wasser hat, wird die Waschlösung mit etwas Salz vermischt, wodurch der für die Reinigung notwendige Unterschied in der Dichte, der 3 ··· 6% betragen muß, erreicht wird. Die Kosten dieses Verfahrens werden mit 14 cents/barrel angegeben.

Nach dem zweiten Verfahren wird das Öl gefiltert. Es wird ein ständig rotierendes Vakuumfilter verwendet. Die Außenfläche desselben ist mit einer Lage Diatomeenerde bedeckt, deren äußere Schicht, die durch die festen Beimengungen des Öls zugesetzt wird, beständig durch ein Messer abgeschabt wird. Dadurch wird die mittlere Konzentration an Natrium von 75 ··· 217 bis auf 3 mg/l, der Gehalt an Calcium von 100 ··· 250 auf 39 mg/l herabgesetzt. Der Gehalt an Vanadium wird jedoch wenig verändert. Das Verfahren ist erst im Laboratorium erprobt. Die Kosten hängen von der Filtrierleistung ab und werden mit 1,5 ··· 17 cents/gal angegeben.[1])

C. Brennstoffkosten und Wirtschaftlichkeit

Die offenen Gasturbinen sind für den Grundlastbetrieb im Bereich größerer Leistungen gegenüber den hochentwickelten Dampfkraftwerken wenig wettbewerbsfähig. Auch wenn sie auf hohe Wärmewirkungsgrade gebaut werden, erreichen sie die Wirkungsgrade moderner Dampfkraftwerke nicht. Die Verringerung des Wärmeverbrauchs wird außerdem durch hohe Anschaffungskosten wettgemacht und die höheren Unterhaltungskosten, die durch die recht verwickelten Schaltungen verursacht werden.

In Ländern mit erheblichen Erdöl- und Erdgasvorkommen, bei denen also die Wärmepreise dieser Brennstoffe niedrig sind, wie zum Beispiel im Orient, ist die Gasturbine auch im Grundlastbetrieb, zumeist im Zuge einer fortschreitenden Industrialisierung, in ständigem Vordringen. Hier spielen auch die Ölqualitäten und Ölkosten nicht die Rolle wie in Europa. Vor allem schlägt oft auch der Umstand zu Buche, daß sie keine oder nur geringe Kühlwassermengen benötigen und Dampfkraftwerke wegen des Mangels an Wasser überhaupt nicht erstellt werden können.

Allerdings sollte man nicht, wie die Erfahrung gelehrt hat, Gasturbinenkraftwerke im Grundlastbetrieb einsetzen, wenn sie nicht von vornherein hierfür gebaut worden sind. Auf diese Weise kann man ein Gasturbinenkraftwerk zu Bruch fahren. Kraftwerke für Dauerbetrieb erfordern eben besonders zuverlässige Hilfseinrichtungen, und es dürfte ein Warnsignal sein, daß eine Störung von nur einer Sekunde in der Wassserzufuhr für die wassergekühlten Schaufeln einer Gasturbine diese zerstört hat. Es rächt sich, wenn man Turbinen — vielleicht aus Sparsamkeit — für Spitzenbetrieb bestellt, sie aber dann im Dauerbetrieb fährt.

Für Spitzen und Reserve ist die offene Gasturbine die ideale Maschine. Bei Verzicht auf verwickelte Wärmeaustauscheinrichtungen werden sie bei größeren Einheiten von etwa 25 MW bei 19% Wirkungsgrad mit etwa 350 DM/kW und bei kleineren von etwa 5 MW bei 16% Wirkungsgrad mit rd. 600 DM/kW angeboten. Die Brennstoffkosten liegen bei einem Standort in Mitteldeutschland bei Dieselölen zwischen 8 und 10 Pf/kWh. Für den Spitzen- und Reservebetrieb sind das durchaus vertretbare Kosten.

Die Gasturbine mit geschlossenem Kreislauf ist wieder eine ausgesprochene Grundlastmaschine, wenn man auch mit ihr jede Belastungskurve ausfahren kann. Als Spitzenmaschine ist sie aber mit 650 DM/kW bei etwa 12,5 MW Leistung bis 800 DM/kW bei 6 MW Leistung zu teuer. Auch ist der Wirkungsgrad mit 28 bis 31% zu gut, um sie als Spitzenmaschine einzusetzen.

---

[1]) Nach „Technisches Zentralblatt“ 3 (1957), S. 254/55 „Wirtschaftliche Vorbehandlung von Heizöl für die Verwendung in Gasturbinen“, W. Karsch, I. 2030.

Auch für den Freikolbengenerator, der Wirkungsgrade bis zu 34% erreicht, liegen die gleichen Gesichtspunkte vor. Seine Kosten liegen zwischen 750 DM/kW bei 2 MW Leistung und 600 DM/kW bei etwa 6 MW Leistung.

Im Vergleich zum reinen Dampfkraftprozeß verspricht die Hintereinanderschaltung eines Gasturbinen- und eines Dampfturbinenprozesses eine weitere Verringerung des spezifischen Wärmeverbrauchs der Gesamtanlage, Der Wärmeersparnis stehen allerdings höhere Anlagekosten und eine verwickeltere Betriebsführung gegenüber. Hierbei ergeben sich für die Einschaltung der Gas- oder Luftturbine verschiedene Möglichkeiten. Wir gehen auf diese Kombinationen noch im folgenden ein.

Das gleiche gilt auch für die Verbindung von Kernenergieanlagen mit Luftturbinen. Für Kernenergieanlagen wurde eine Reihe von Anlagen mit direkter Kühlung der Spaltstoffelemente durch unter Druck stehendes Helium oder Stickstoff projektiert. Die unmittelbare Einschaltung der Gasturbine mit geschlossenem Kreislauf für Kernenergieanlagen erscheint recht aussichtsreich, wenn es gelingt, die Reaktoren mit geeigneten Spaltstoffelementen bei hohen Temperaturen zu betreiben und die gasförmigen Spaltprodukte laufend aus dem Prozeß abzuführen. Aus der Zusammenarbeit von Escher-Wyss mit amerikanischen Firmen sind eine Reihe von Entwürfen entstanden. So wurde ein Maschinensatz für eine 15 bis 20 MW-Anlage entwickelt, der aus zwei Axialverdichtern, einer Axialturbine und einem eingebauten Zwischenkühler besteht.[1])

---

[1]) KELLER, C., Operating experience and design features of closed cycle gas turbine power plants. ASME paper No. 56-GTP-15.

II. LUFTTURBINEN-HEIZKRAFTWERKE

A. Grundsatzüberlegungen

1. Vorteile des Luftturbinenprozesses

Wenn wir (zunächst) aus der Gruppe der Gasturbinen die Luftturbinen bevorzugt behandeln, so hat das folgende Gründe:

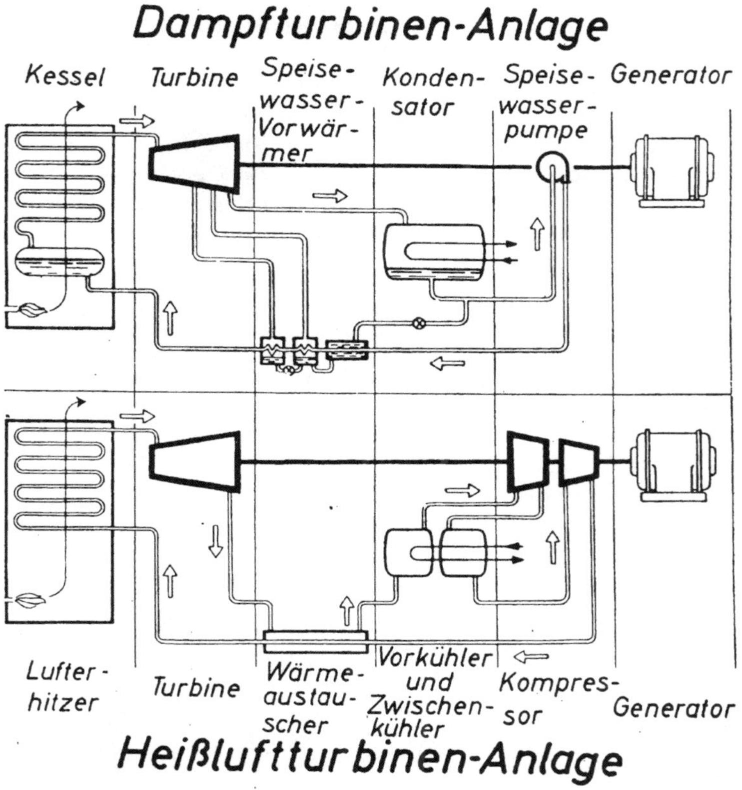

Abb. 1. Schematischer Vergleich von Dampf- und Luftturbinen (nach KELLER)

a) Der Heißluftturbinenprozeß ähnelt im Aufbau dem Dampfturbinenprozeß. Abb. 1 zeigt die Analogie des Dampf- und Luftturbinenprozesses. Die entsprechenden Anlageteile sind untereinander gezeichnet.[1])

---

[1]) KELLER, C., Die ersten industriellen Heißluftturbinenanlagen mit geschlossenem Kreislauf. Escher-Wyss-Mitteilungen 1950/51.

b) Es gibt keine andere Turbinengattung, die es mit gleicher Universalität möglich macht, im Fernheizbetrieb alle Varianten zwischen Kondensations- und Gegendruckbetrieb in einer Maschine mit fast unveränderten Wirkungsgraden auszufahren.

c) Der Wirkungsgrad aller Standardtypen (2000, 6000, 12500 und 25000 kW) liegt je nach Brennstoffart, Kühlwassertemperatur und Leistungsgröße zwischen 26 und 33%, das sind Wärmeverbräuche von 2600 bis 3300 kcal/kWh. Sie sind also für so kleine Einheiten ungewöhnlich niedrig.

d) Die Temperaturen bleiben bei allen Belastungen im Kreislauf konstant. Daher bleiben die Wirkungsgrade selbst bei Teillasten, die etwa 30% der Vollast ausmachen, nahezu konstant. Der Brennstoffverbrauch ist auch im Leerlauf gering.

e) Der Kreisprozeß ist völlig sauber. In ihm kreist nur Luft oder, in den später noch zu behandelnden anderen Typen, Kohlendioxyd, Stickstoff oder Helium.

f) Der Heißlufterhitzer kann mit jedem Brennstoff betrieben werden. Ob es möglich ist, ihn so zu konstruieren, daß er wahlweise jeden Brennstoff verarbeiten kann, muß die Zukunft lehren. Die Untersuchungen sind noch im Gange. Kohle und Öl zusammen oder alternativ zu verbrennen, ist schon heute möglich.

g) Die Regulierung der Heißluftturbine geschieht durch Veränderung des Druckes im Kreislauf. Daher werden keine Ventile vor der Turbine und in den heißen Leitungen benötigt.

h) Der Raum- und Platzbedarf ist gering. Der Lufterhitzer kann im Freien errichtet werden.

i) Das Kühlwasser der Kompressoren kann für Heizzwecke verwendet werden. Die Heizwasserausbeute erreicht dabei Werte, wie sie in Gegendruckdampfkraftwerken erzielt werden. Jedoch ist die elektrische Stromausbeute größer als bei Dampfkraftanlagen.

2. *Luftturbinen-Heizkraftwerke mit festen Brennstoffen*

Im Bereich kleiner und mittlerer Leistungen wurde eine Heißluftturbinenanlage mit geschlossenem Kreislauf in Ravensburg für 2 bis 2,3 MW als Industrieheizkraftwerk erstmalig

Zahlentafel 1

Hauptdaten von Heißluftturbinen mit geschlossenem Kreislauf in Verbindung mit Fernheizanlagen[1])

		Ravensburg	Moskau	Coburg
Nennleistung	MW	2	10	6
Maximale Leistung	MW	2,3	12	6,6
Wärmeabgabe für Fernheizung	Gcal/h	2,1	7,9	6,48
Maximale Wärmeabgabe	Gcal/h rd	3,2		7,15
Brennstoff		Kohle	Lignit	Kohle
Mittlere Kühlwassertemperatur	°C	12	10	15
Vorlauftemperatur des Heizwassers	°C	75—90	75	103
Lufteintrittstemperatur	°C	660	680	680
Anzahl der Zwischenkühler		1	1	1
Verdichter		radial	axial*)	radial
Drehzahl	U/min	12750	6600	8217
Inbetriebnahme		Anfang 1956	Anfang 1959	Herbst 1959[2])

*) Der Hochdruckverdichter in ebenfalls axialer Bauart ist mit der axialen Turbine in einem Gehäuse zusammengebaut.

[1]) STROEHLEN, R., Die neuere Entwicklung der Gasturbinen BWK (1957) S. 228/231 und S. 206/209. Sonderdruck des Verbandes kommunaler Unternehmen der Orts- und Kreisstufe (VKU).

[2]) Ergänzung des Verfassers.

mit Kohlenstaubfeuerung ausgerüstet. Diese Anlage hatte bis Ende Juli 1958 eine Betriebszeit von über 15000 Stunden erreicht und damit die Brauchbarkeit dieses Verfahrens bewiesen. Inzwischen sind weitere Anlagen für die Städte Coburg, Oberhausen und Moskau in Verbindung mit öffentlichen Fernheizwerken bestellt oder in Bau (Zahlentafel 1). Richtangebote für zwei 25-MW-Luftturbinenkraftwerke liegen vor.

3. Prinzipschaltung der beiden ersten 2-MW-Anlagen

Die Prinzipschaltung der ersten ausgeführten Luftturbinenanlage zeigt Abb. 2. Bekanntlich handelt es sich bei dem Luftturbinenprozeß um einen Kreisprozeß, der theoretisch einen Doppelisothermenprozeß ergeben soll. Um dies zu erreichen, müßte der Kompressor unendlich oft unterteilt sein und die Turbine unendlich oft zwischenüberhitzt werden. In der Praxis mußte man bescheidener sein. Man begnügt sich bisher bei den Kompressoren damit, sie höchstens dreifach zu unterteilen und bei der Turbine mit einer einmaligen Zwischenüberhitzung (St. Denis). Jedoch sieht man eine solche Zwischenüberhitzung erst wieder bei neueren Projekten vor.

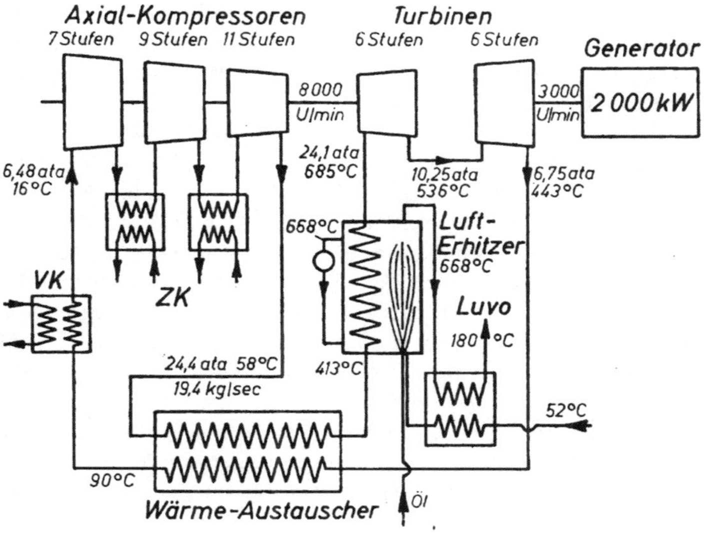

Abb. 2. Schema der Versuchsanlage von Escher-Wyss, Zürich

Während man in der Züricher Anlage die Kompressorwärme noch nicht für eine Wärmeversorgung ausnützte, ist dies schon bei der mit Kohlenstaub gefeuerten Anlage in Ravensburg der Fall (Abb. 3). Hier begnügte man sich zwar mit einem zweistufigen Kompressor, teilte aber den Vor- wie auch den Zwischenkühler in einen Heiz- wie einen Rückkühlteil auf.

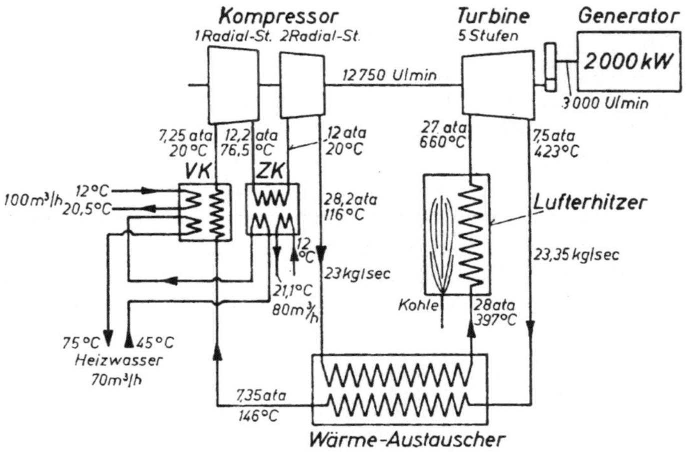

Abb. 3. Schema der Anlage Ravensburg

Dadurch ist eine Garantie dafür gegeben, daß man die Turbine auch dann auf die besten Wirkungsgrade einregulieren kann, wenn die Wärmebelastung des Heizteiles zurückgeht. Ein Rechnungsgang mag diese Überlegung erläutern.[1])

4. Luftturbinen mit 6 und 12,5 MW Leistung

Bei den gegenwärtig üblichen größeren Typen von 6000 und 12500 kW kann man bei einer Eintrittstemperatur der Luft in die Verdichter von 40° C eine Heizwärme von 1950 kcal je erzeugte kWh abgeben. Der spezifische Wärmeverbrauch der elektrischen Anlage beträgt in diesem Falle 3300 kcal/kWh. Der Kohleverbrauch wäre also 0,46 kg/kWh und der Wirkungsgrad des Prozesses 26%.

Fällt die Verdichtereintrittstemperatur auf 30° C, so geht die Heizwärme zwar auf 1715 kcal/kWh zurück, aber auch der spezifische Wärmeverbrauch des Kreisprozesses für die elektrische Erzeugung fällt auf 3150 kcalk/Wh (Kohleverbrauch 0,44 kg/kWh, Wirkungsgrad 27%). Bei 20° C Verdichtereintrittstemperatur können nur noch 1350 kcal/kWh abgegeben werden, während der spezifische Wärmeverbrauch auf 3000 kcal/kWh fällt (Kohleverbrauch 0,42 kg/kWh, Wirkungsgrad 29%).

Bei den schwankenden Lastverhältnissen im praktischen Betrieb mögen die spezifischen Wärmeverbrauchszahlen für die elektrische Arbeit vielleicht noch 50 kcal/kWh höher werden.

Für den Heizkraftbetrieb auf Luftturbinengrundlage ist es also praktisch bedeutungslos, wie und wann die Wärme anfällt. Im Winter kann der anfallende Wärmebedarf bei entsprechender Auslegung des gesamten Prozesses durch die Luftturbinenanlage gedeckt werden, wobei dann allerdings der elektrische Wirkungsgrad etwas zurückgeht. Im Sommer, wenn der Wärmebedarf rückläufig ist, kann die Anlage mit besserem Wirkungsgrad betrieben werden, wobei dann der spezifische Verbrauch für die elektrische Leistung fällt. In diesem Zeitraum wird man auch den Rückkühlteil in den Kühlern stärker einsetzen.

In der Regel liegen die Schwankungen im Wirkungsgrad bei 4%.

Die Verbräuche in kg Kohle/kWh elektrischer Arbeit liegen also bei Luftturbinen selbst bei kleinen und mittleren Leistungen in der Größenordnung großer Dampfkraftwerke.

Entscheidend ist aber für alle Überlegungen bezüglich der Fernwärmeversorgung, daß die niedrigste Rücklauftemperatur der Heizung, die den Kühlern zugeführt wird, im Luftturbinenprozeß den Wirkungsgrad bestimmt, während beim Dampfprozeß die Vorlauftemperaturen entscheidend sind.

Die für die Standardausführung von 12 MW (überlastbar auf 13,75 MW) möglichen Schaltungen gibt BAMMERT wie folgt an (Abb. 4, 5, 6, 7).[2])

5. Ausgeführte Anlagen

Eine Anlage, die wegen ihrer umfangreichen Störungen beträchtliches Aufsehen erregt hat, ist die Luftturbinengruppe in St. Denis, deren Schaltungsschema hier folgt (Abb. 8).[3]) Es handelt sich um eine Anlage, die zunächst Studienzwecken diente und bei der es sich um ein Zweiwellenaggregat handelt. Die aufgetretenen Störungen sind nicht grundsätzlicher Natur gewesen. Offenbar haben sich aber neben anderen Zwischenfällen Schwierigkeiten an den Kompressoren ergeben. Die Anlage ist inzwischen umgebaut worden. Eine von der Firma John Brown für Dundee gebaute Anlage ist im Prinzip ähnlich. Hier hat man statt des vierstufigen Radialkompressors zwei Axialkompressoren vorgesehen.

---

[1]) WOLF, M., Städteheizung und städtische Stromversorgung rationeller durch die Heißluftturbine. Vortrag in Dortmund 1955, Sonderdruck des Verbandes kommunaler Unternehmen der Orts- und Kreisstufe, Köln.

[2]) BAMMERT, K., Vergleich von Dampf- und Heißluftturbinen in Heizkraftwerken kleiner und mittlerer Leistung. BWK 8 (1956) 7, S. 323/330.

[3]) Abb. 2, 3, 8 und 9 nach H. KRESS, Der gegenwärtige Entwicklungsstand der Gasturbinen mit dem geschlossenen Kreislauf. Motortechnische Zeitschrift 18 (1957) Heft 5 und 7.

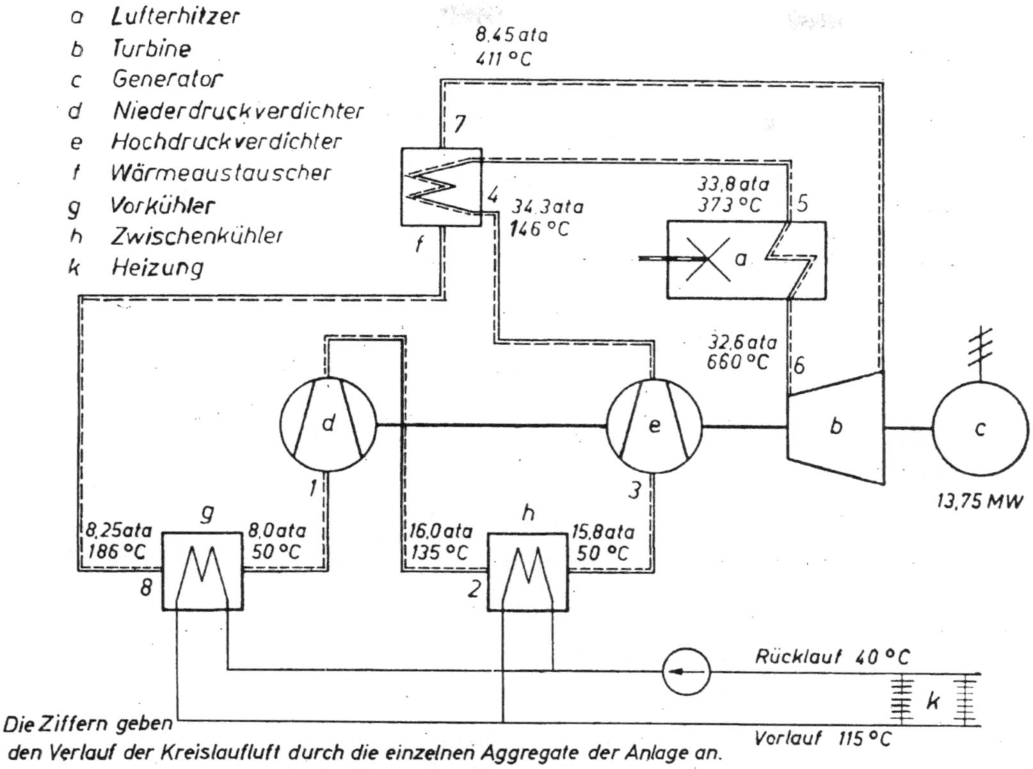

Abb. 4. Heizkraftwerk mit Heißluftturbine ohne Kühlung

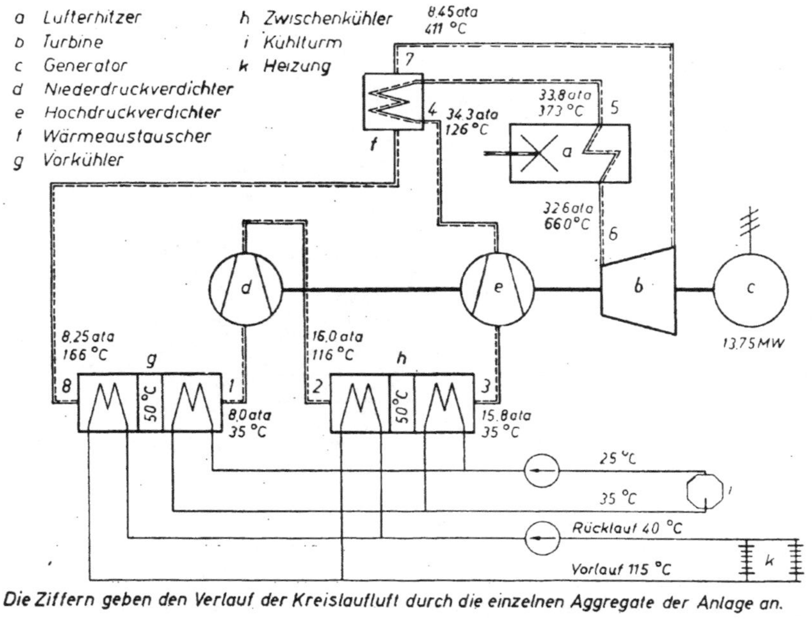

Abb. 5. Heizkraftwerk mit Heißluftturbine mit Heiz- und Rückkühlteil

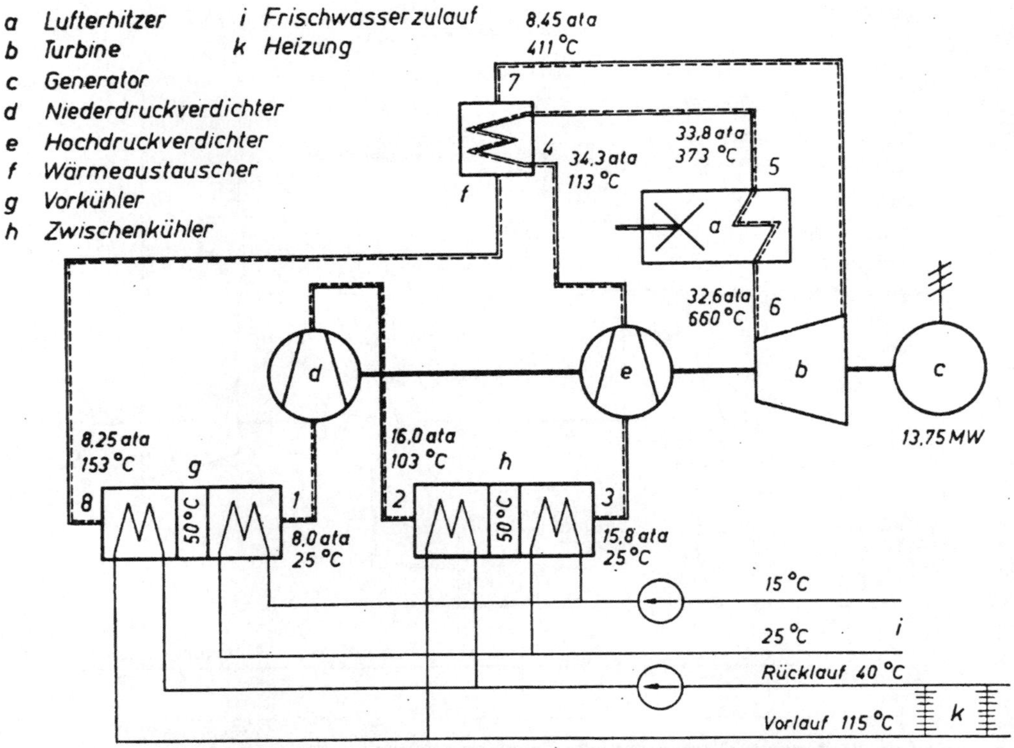

Die Ziffern geben den Verlauf der Kreislaufluft durch die einzelnen Aggregate der Anlage an.

Abb. 6. Heizkraftwerk mit Heißluftturbine mit Heiz- und Frischwasserkühler

(Nach Prof. Dr. Bammert).

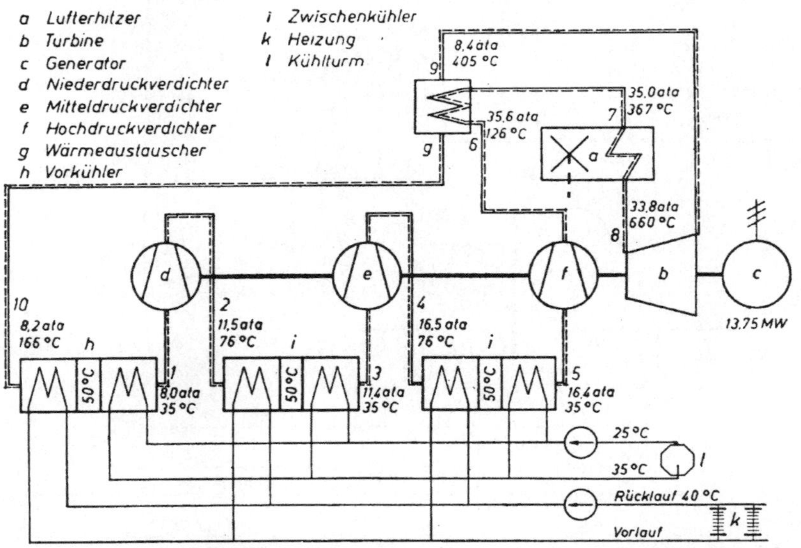

Die Ziffern geben den Verlauf der Kreislaufluft durch die einzelnen Aggregate der Anlage an.

Abb. 7. Heizkraftwerk mit Heißluftturbine mit Heiz- und Rückkühlteil bei zweifacher Zwischenkühlung

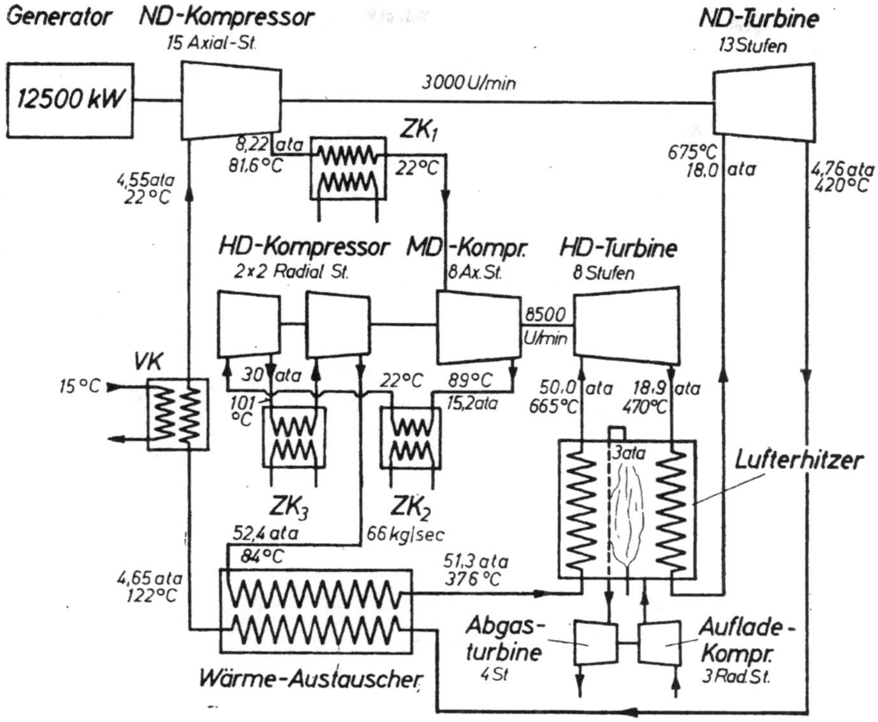

Abb. 8. Schema der Anlage St. Denis

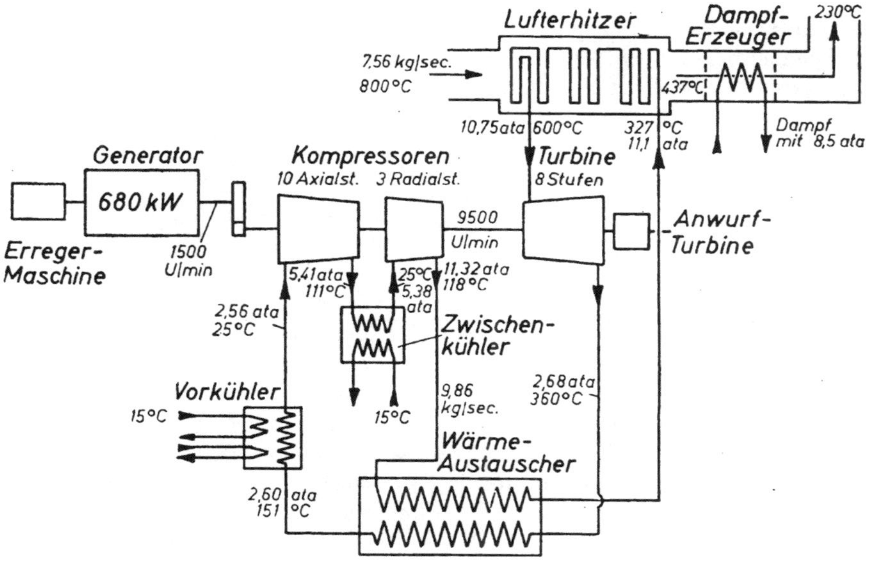

Abb. 9. Schema der Anlage Coventry

Die Firma John Brown, Clydebank, hat aber auch eine Abhitzeverwertung in einem Gas werk durchgeführt (Abb. 9).

In den Foleshill-Gasworks in Coventry strömen die aus mehreren Glover-West-Vertikal-Retorten kommenden Abgase an den Rohren des Lufterhitzers mit einer Temperatur von etwa 800° C vorbei und werden anschließend mit 437° C noch in einem Abhitzekessel verwertet, der Dampf von 8,5 ata erzeugt. Die den Abgasen entzogene Wärme wird mit einem Turbinenwirkungsgrad von 87,5% in mechanische Arbeit verwandelt, wovon der Kompressor 57,5% verbraucht. Der innere Wirkungsgrad der Anlage ist 26%. Unter Berücksichtigung der mechanischen Verluste und der Hilfsantriebe reduziert sich der Wirkungsgrad auf 20%.

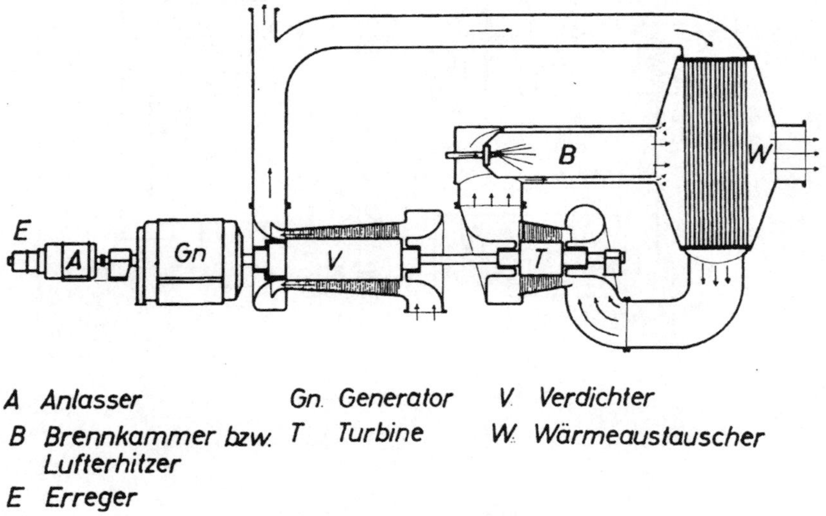

Abb. 10. Offene Heißluftturbine

Außer dem bisher erörterten geschlossenen Luftturbinenprozeß gibt es auch einen offenen Heißluftturbinenprozeß (Abb. 10). Wir zeigen ihn, weil er in Kombination mit anderen Prozessen später auftauchen wird.

B. Technische Sonderfragen der Heißluftturbinen

1. Der Lufterhitzer

a) Einführung

Die technischen Sonderprobleme des kohlenstaubgefeuerten Lufterhitzers behandelt Professor Dr. BAMMERT in einer Festschrift zum 60. Geburtstage von Professor Dr. J. ACKERET, der mit Professor Dr. KELLER zusammen den geschlossenen Luftturbinenprozeß der Vollendung entgegengeführt hat.[1])

Für die offene Gasturbine wird, wie oben geschildert, vergeblich versucht, sie mit Kohlenstaub zu betreiben, wesentlich leichter fällt es nach dem derzeitigen Stand der Technik bei der Heißluftturbine. „Hier gelangen die Verbrennungsgase und damit die festen Verbrennungsreste nicht in Wärmetauscher und Turbine und können dort weder Verschmutzung noch Erosion verursachen.

[1]) Zur Entwicklung des kohlenstaubgefeuerten Lufterhitzers. ZVDI **100** (1958) S. 841/850.

Trotzdem treten auch hier gegenüber der gas- oder ölbeheizten Anlage Besonderheiten auf, die allerdings weniger in den Verbrennungsrückständen als in den Eigenschaften der Kohlenstaubflamme überhaupt ihre Ursachen haben. Während nämlich Öl- und Gasflamme unter normalen Verhältnissen immer stabil bleiben, setzt ein sicheres Brennen der Kohlenstaubflamme eine Mindestvolumenbelastung des Feuerraumes voraus. Außerdem läßt sich bei Kohlenstaub der Verbrennungsablauf weit weniger willkürlich variieren als bei anderen Brennstoffen. Beides beschränkt die Ausführungsmöglichkeiten des Lufterhitzers."

Für den Lufterhitzer steht zwar für die Wärmeübertragung durchschnittlich ein höheres Wärmegefälle zur Verfügung als für den Wärmetauscher, wenn auch nicht übersehen werden darf, daß es im Mittel kleiner ist als bei Dampfkesseln.[1] Auch hier bedeutet die schlechte Wärmedurchgangszahl von Rauchgas auf Luft zusammen mit der schlechten Wärmeleitfähigkeit der austenitischen Teile eine bauliche Erschwerung. Dazu kommt die hohe Eintrittstemperatur der zu erhitzenden Arbeitsluft, die zu einer sehr hohen Vorwärmung der Verbrennungsluft zwingt, wenn man nicht hohe Abgasverluste in Kauf nehmen will.

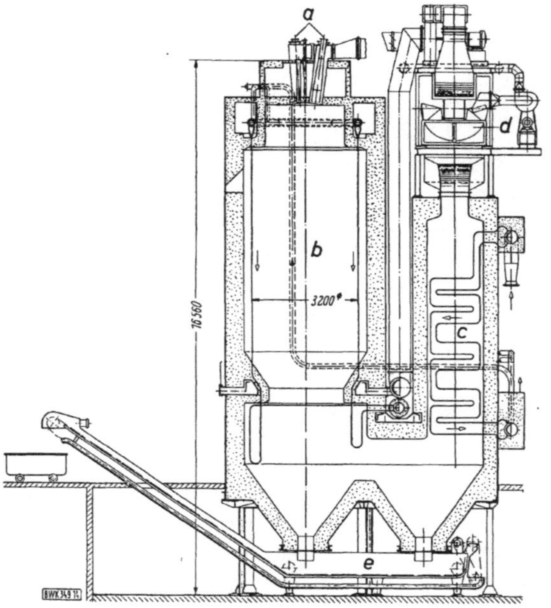

Abb. 11. Kohlenstaubgefeuerter Lufterhitzer der Anlage Ravensburg

Trotz dieser Schwierigkeiten des Luftturbinenprozesses ist er in anderen Anlageteilen, beispielsweise in den Turbinen selbst, den Dampfturbinen überlegen. Auch bei kleinen Einheiten ist sein Wirkungsgrad so gut, daß er mit größeren Dampfturbinen konkurrieren kann. Das Für und Wider der einzelnen Prozesse wird noch im folgenden ausführlicher behandelt werden.

b) Beschreibung eines Lufterhitzers[2]

„Einen Schnitt durch den in Ravensburg aufgestellten Lufterhitzer zeigt Abb. 11, seine schematische Darstellung, die einen Überblick über den Stoffumlauf und die Temperaturen der Kreislaufluft, der Verbrennungsluft und der Rauchgase vermittelt, liefert Abb. 12.[3]

Drei Wirbelbrenner *a* (Abb. 11) für den Betrieb mit Kohlenstaub und ein für Heizöl eingerichteter Brenner, der sich in der Achse des zylindrischen Strahlungsteiles befindet, können wahlweise und je nach Belastung eingesetzt werden. Die Flamme beziehungsweise die Rauchgase durchsetzen die Brennkammer *b* von oben nach unten, wobei eine Einschnürung im unteren Teil des Strahlungserhitzers die Flamme möglichst in der Mitte des Rohrkranzes halten soll. Im Enderhitzer, der der Einschnürung nachgeschaltet ist, werden die Rauch-

[1] Siehe Vortrag SCHÄFER, Bewag, Gasturbinen als Heizmaschinen, auf der Heizkrafttagung in Berlin im April 1958. Nach dem Manuskript des Redners.

[2] BAMMERT, K., Zur Entwicklung des kohlenstaubgefeuerten Lufterhitzers, ZVDI **100** (1958) 20, S. 841/850.

[3] BAMMERT, K., KELLER, C. und KRESS, H., Heißluftturbinenanlage mit Kohlenstaubfeuerung für Stromerzeugung und Heizwärmelieferung, Brennstoff-Wärme-Kraft (BWK) 8 (1956) S. 471/478.

gase auf 900 bis 950° C abgekühlt; sie gelangen dann nach zweimaliger Umlenkung um 90° in den Konvektionserhitzer *c* und treten mit etwa 480° C in den Luftvorwärmer *d* ein. Ein Teil der anfallenden Asche wird bei der zweimaligen Umlenkung vom Strahlungs- zum Konvektionsteil ausgeschleudert und gelangt durch zwei Aschetrichter in den Naßentschlacker *e*,

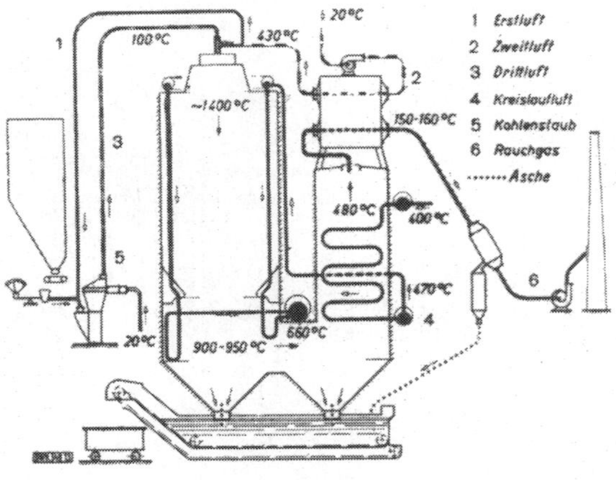

Abb. 12. Schema des kohlenstaubgefeuerten Lufterhitzers der Anlage Ravensburg

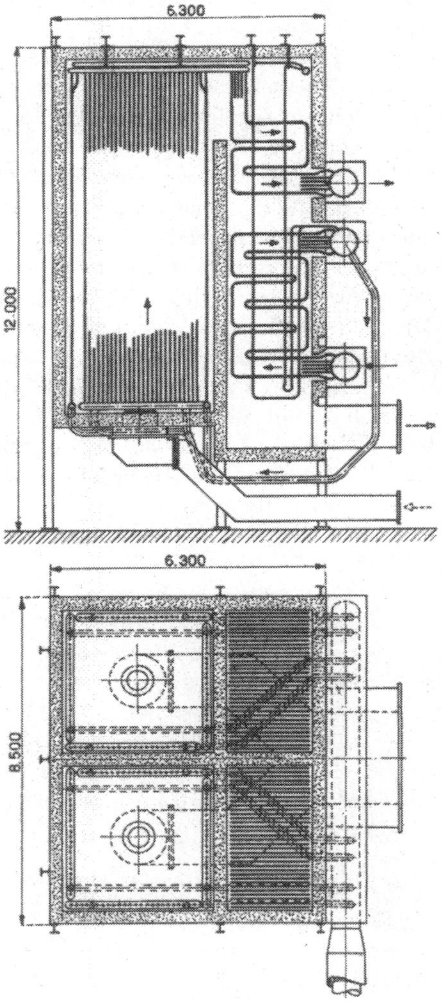

Abb. 13. Entwurf eines kohlenstaubgefeuerten Lufterhitzers für 10/12000 kW

der auch den zweiten Teil der Asche aufnimmt, die im Staubabscheider anfällt (Abb. 12). Die Abgase werden über den Luftvorwärmer und den Staubabscheider in den Schornstein geführt, durch entsprechende Einstellung von Saugzug- und Frischluftgebläse kann der Druck im Feuerraum auf der gewünschten Höhe gehalten werden.“

c) Auslegung von Lufterhitzern für größere Anlagen

„Bei der Auslegung von Lufterhitzern für größere Anlagen stellte sich bald eine wesentliche Schwierigkeit heraus. Während nämlich bei einer ähnlichen Vergrößerung der Brennkammer der Rauminhalt mit der dritten Potenz anwächst, nimmt die Oberfläche und damit die ausnutzbare Kühlfläche nur mit der zweiten Potenz zu. Das heißt aber, daß man entweder bei gleicher Volumbelastung eine erhöhte Heizflächenbeanspruchung oder bei gleicher Heizflächeneinstrahlung eine geringe Volumbelastung in Kauf nehmen muß. Da man aber mit der Volumbelastung nicht beliebig herab- und mit der Heizflächenbeanspruchung — wegen der Rohrwandtemperatur — nicht beliebig heraufgehen kann, ist hier sehr bald eine Grenze gesetzt. Das führt dazu, daß bei größeren Lufterhitzern zwei oder mehr Feuerräume angeordnet werden.“

„Die Grenze für die Einkammerausführung ist von der Art des Brennstoffes abhängig. Sie scheint für *Steinkohle* bei etwa 25 Gcal/h an frei zu machender Brennstoffwärme zu liegen (Coburger Anlage).“

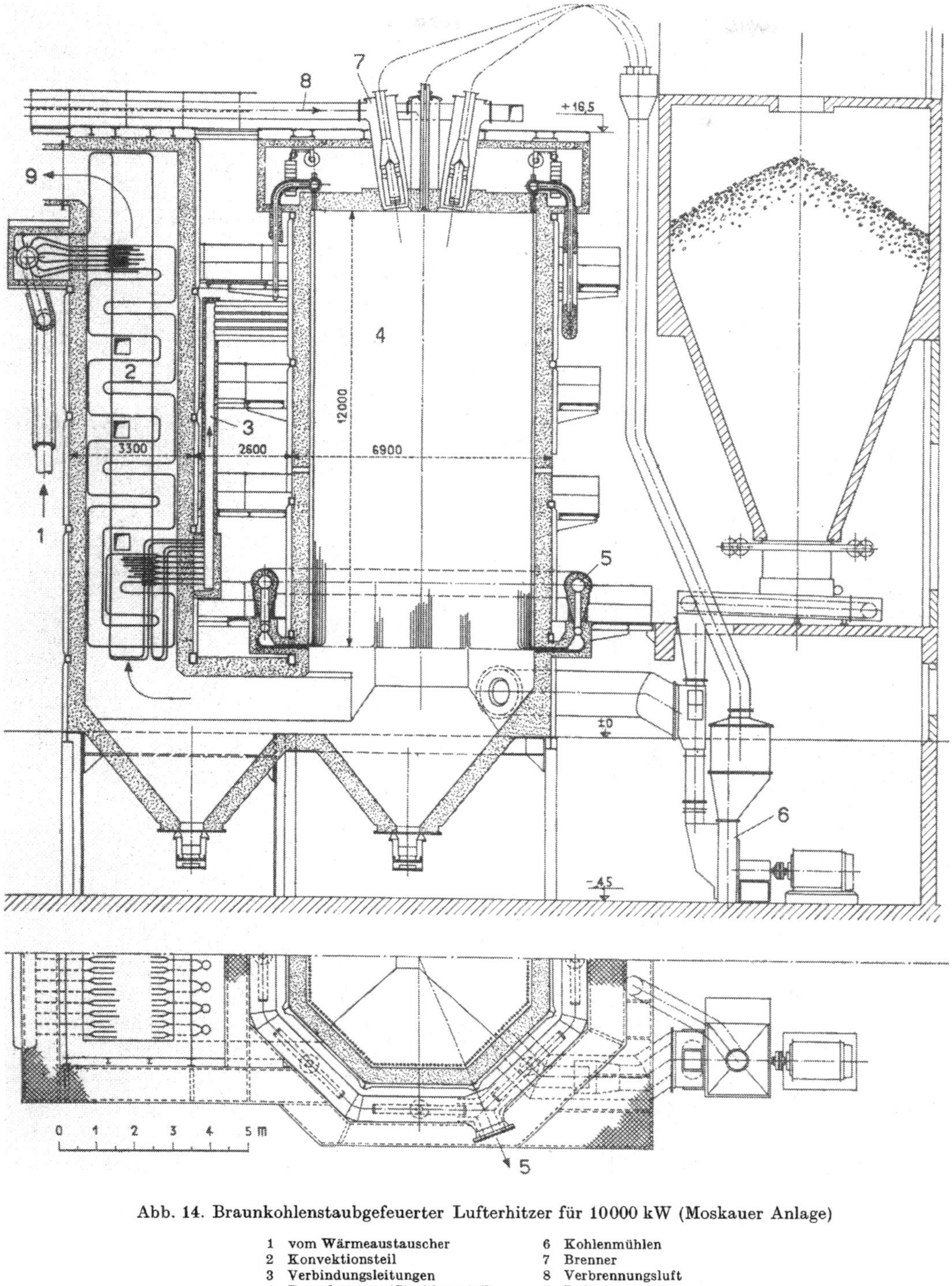

Abb. 14. Braunkohlenstaubgefeuerter Lufterhitzer für 10000 kW (Moskauer Anlage)

1 vom Wärmeaustauscher
2 Konvektionsteil
3 Verbindungsleitungen
4 Brennkammer (Strahlungsteil)
5 zur Turbine
6 Kohlenmühlen
7 Brenner
8 Verbrennungsluft
9 Luftvorwärmer

Abb. 13 stellt einen Lufterhitzer für Kohlenstaubfeuerung dar, der obigen Grenzwert nennenswert überschreitet und daher mit zwei Brennräumen ausgeführt wurde (Oberhausener Anlage).

„Bei *Braunkohle* (Moskauer Anlage) mit ihrer niedrigeren Flammentemperatur wird man auch Lufterhitzer für die etwa doppelte Brennstoffwärme-Entbindung noch mit *einem* Feuerraum ausrüsten können. Aus diesem Grunde wurde der in Abb. 14 dargestellte Lufterhitzer, der mit Braunkohle beschickt wird und den obigen Grenzwert ebenfalls überschreitet, nur mit *einer* Brennkammer ausgeführt.“[1][2]

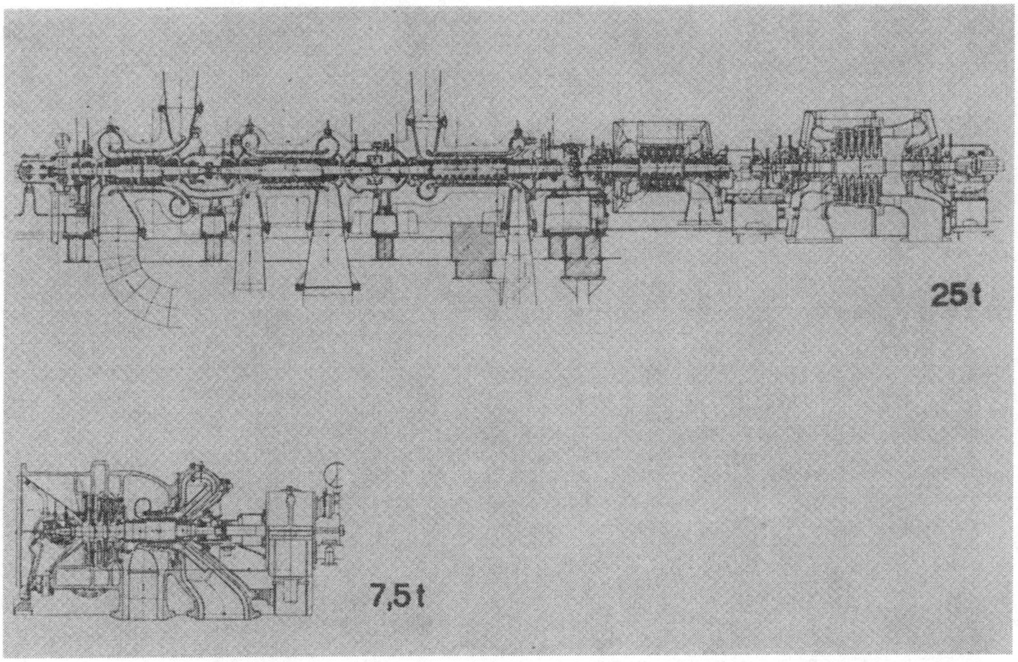

Abb. 15. Vergleich zwischen den Maschinengruppen der ersten 2000-kW-Versuchsanlage aus dem Jahre 1939 und der Tuco-Standardgruppe gleicher Leistung, Baujahr 1952/58

„Die Kosten des Lufterhitzers werden wesentlich durch den Preis der austenitischen Werkstoffe, die für den Strahlungsteil notwendig sind, beeinflußt. Die Größe der Strahlungsheizfläche und damit die Menge des zu verwendenden Werkstoffes hängt weitgehend von der zugelassenen Einstrahlung ab. Diese kann man erhöhen, wenn man entweder

(a) höhere Druckverluste zuläßt oder
(b) einen Werkstoff wählt, der es erlaubt, zu höheren Grenztemperaturen überzugehen oder
(c) die Rohre auf der Innenseite berippt oder
(d) zusammengesetzte Rohre verwendet.“

Es verdient festgehalten zu werden, daß die ursprünglich so umkämpften Lufterhitzerkonstruktionen, die von Escher-Wyss, der Gutehoffnungshütte und der Kohlenscheidungs-

[1]) TAYGUN, F., Heißluftturbinenanlagen mit geschlossenem Kreislauf. Schweizerische Bauzeitung 75 (1957) 24, S. 374/381.

[2]) Die Firmen Kohlenscheidegesellschaft (KSG) und Escher Wyss sind der Meinung, daß trotz der Überlegungen von BAMMERT auch größere Lufterhitzereinheiten ohne Unterteilung möglich sind.

gesellschaft entwickelt worden sind, ihre Bewährungsproben auch für die Kohlenstaubfeuerung voll bestanden haben. Die Vollastwirkungsgrade von rd. 85% wurden erfüllt. Der Ausbrand war auch bei Teillasten einwandfrei.

Zur Zeit stellt aber der Lufterhitzer noch das weitaus teuerste Konstruktionselement des Luftturbinenprozesses dar. Die Aufstellung im Freien verbilligt die Kosten zwar, aber doch nicht so, daß diese Verbilligung entscheidend wäre. Die Dimensionen werden, wie die Versuche in Ravensburg gezeigt und die Überlegungen von BAMMERT bewiesen haben, geringer werden, als bisher angenommen wurde. Damit werden auch die Anlagekosten für die Luftturbinenheizkraftwerke vermutlich bald beeinflußbar sein.

Abb. 16. Blick auf die Maschinenanlage der Heißluftturbine Ravensburg

Es darf allerdings nicht unerwähnt bleiben, daß die Erfahrungen der letzten Jahre, die die Dampftechnik mit Austeniten sammeln konnte, zum Teil bedenklich stimmen. Es sind Korrosionserscheinungen sowohl im Dampfraum als auch im Feuerraum festgestellt worden. Die Schweißverbindungen sind schwierig herzustellen. Offenbar ist die Technik und das Verhalten der Austenite noch nicht hinlänglich erprobt. Es ist daher die Überlegung am Platze, ob man nicht bei den Lufterhitzern weitgehend auf das Austenitmaterial verzichten soll und dafür den Lufterhitzer so ausbildet, daß man den Rohrkorb durch Herausziehen öfter leicht auswechseln kann. Man muß dann eben höhere Unterhaltungskosten und geringere Betriebsstundenzahlen in Kauf nehmen.[1])

2. Turbinen und Kompressoren

Zunächst war man bestrebt, sich dem Doppelisothermenprozeß zu nähern. Das war aber nur mit Mehrwellenmaschinen und Unterteilung der Kompressoren sowie mehrfacher Zwischenüberhitzung möglich. Je mehr Lager, desto mehr Fehlerquellen und Verluste.

[1]) Eine bisher unveröffentlichte Anregung von Herrn Dr. JUNGE von der Wirtschaftsberatung AG Düsseldorf.

Für kleine Leistungen war diese Lösung unmöglich. Man ging daher zur Einwellenbauweise und schließlich für kleinere und mittlere Einheiten bis etwa 6 MW zur sogenannten Tuco = Turbo-Kompressor-Bauweise über, wobei Turbine und Kompressor zu einem Aggregat zusammengebaut wurden. Dabei erreichte man eine ganz ungewöhnliche Einsparung an Platz. Abb. 15 zeigt zum Vergleich die Abmessungen der ersten 2000-kW-Versuchsanlage in Zürich zu der Tuco-Standardausführung gleicher Leistung aus dem Jahre 1952 bis 1958. Das Maschinengewicht wurde dabei von 25 t auf 7,5 t herabgesetzt. Die Turbine hat 5, der Kompressor 3 Stufen. Die praktische Ausführung zeigt die Tuco-Gruppe Ravensburg (Abb. 16). Man sieht hier hintereinander die Maschinengruppe mit Generator, Getriebe und Vorkühler. Links vom Generator befindet sich die Erregermaschine, die mit dem im Bild nicht sichtbaren Anwurfmotor gekoppelt ist.

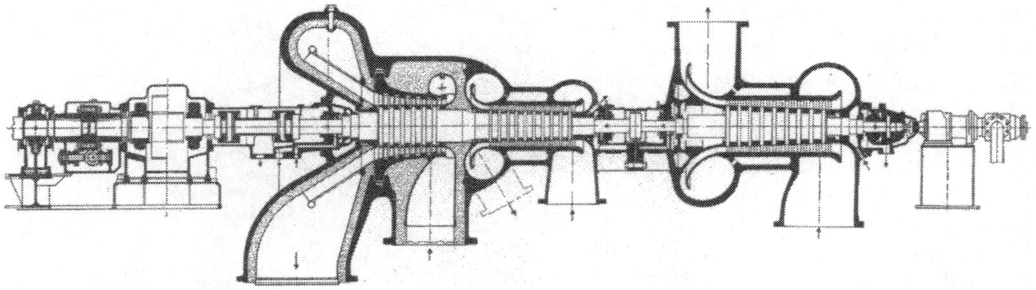

Abb. 17. Maschinengruppe der 10000-kW-Heißluftturbine für Moskau

Die adiabatischen Wirkungsgrade dieser kleinen Einheiten sind erstaunlich gut. Die Turbine Ravensburg hat 89% erreicht. Ermöglicht wurde dies dadurch, daß man die Schaufeln nach der Tragflügeltheorie berechnete.

Während man noch bis vor kurzem die Tuco-Bauweise auch für Einheiten bis zu 12500 kW vorsah, hat man diese zum Teil wieder aufgegeben. Bei der für Moskau gelieferten Turbine (Abb. 17) sind beispielsweise zwei Axialkompressoren hintereinander geschaltet. Von diesen weist der Niederdruckkompressor neun Stufen auf, die in einem besonderen Gehäuse untergebracht sind, während der zehnstufige Hochdruckkompressor in Tuco-Bauart mit der sechsstufigen Turbine in einem gemeinsamen Gehäuse zusammengebaut ist. Es ist aber durchaus denkbar, daß man die bisherige Tuco-Bauweise (Abb. 18) wieder für größere Einheiten ganz aufgibt und Turbine und Kompressor trennt.

Man sieht aus der Entwicklung, daß man bei den Kompressoren zunächst die axiale Bauweise bevorzugt hat. Bei den Tuco-Aggregaten entschied man sich — auch aus Gründen der Platzeinsparung — für die radialen Kompressoren. Nachdem diese die Erwartungen nicht voll erfüllten, geht man bei größeren Einheiten wieder auf die axialen Kompressoren über. Die Kompressoren sind bisher bei den Luftturbinen oft ein Sorgenkind ihrer Erbauer und Betreiber gewesen.

Nichtsdestoweniger werden heute Luftturbinenaggregate von 25 MW angeboten. 50 MW und 100 MW sind auf dem Reißbrett. Von größtem Wert sind die verhältnismäßig geringen Baulängen der Luftturbine selbst, die auch bei großen Einheiten mit etwa sieben Stufen auskommen.

Diese geringe Baulänge ergibt sich auch dann, wenn man die Luftturbine in Verbindung mit Atom-Reaktoren mit Stickstoff betreibt. Eine 20-MW-Turbine (Abb. 19) hat eine Baulänge von 5,8 m. Links liegen die beiden Kompressoren mit einmaliger Zwischenkühlung, rechts die Turbine.

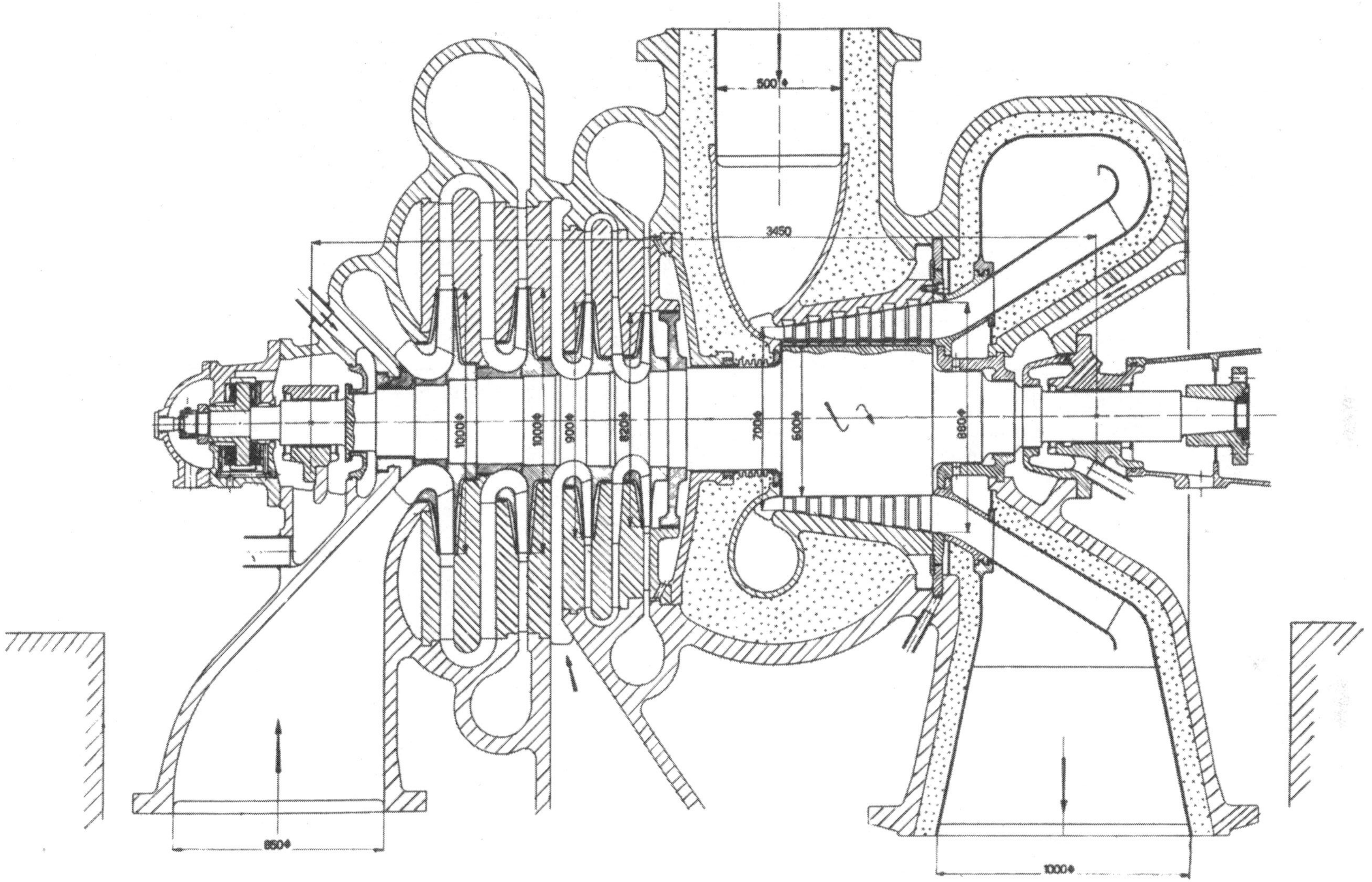

Abb. 18. Längsschnitt durch die 10/12 500-kW-Maschinengruppe in Tuco-Bauart mit Einfacherhitzung

Bei Verwendung von Helium — gleichfalls in Verbindung der Luftturbine mit Atom-Reaktoren (Abb. 20) — muß die Turbine mehr Stufen oder eine höhere Drehzahl erhalten. Wärmetauscher und Kühler werden erheblich kleiner. Da bei den Herstellungskosten für eine Luftturbine mit geschlossenem Kreislauf die Kosten für die Apparate größer sind als die Kosten für die Maschinengruppe, werden durch die Anwendung von Helium Anlagekosten eingespart.

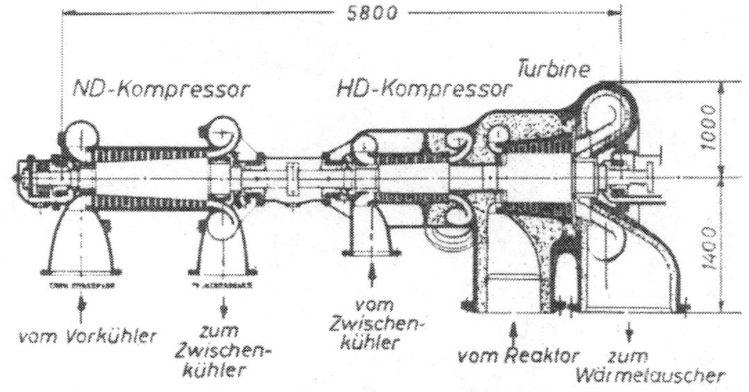

Abb. 19. 20-MW-Maschinensatz für Stickstoff

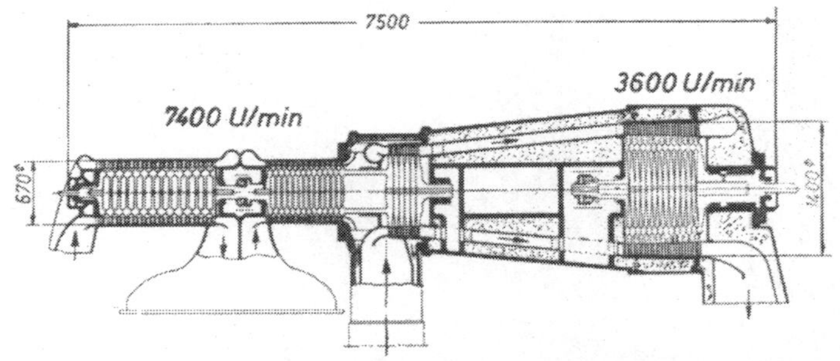

Abb. 20. 60-MW-Maschinensatz für Helium (Studie der American Turbine Company, New York)

Da die Heißluftturbine zumindest in den ersten Stufen hohe Temperaturen zu verarbeiten hat, sind entsprechende konstruktive Maßnahmen erforderlich. Man trennt die Aufgaben von Druck und Temperatur, wie dies besonders an den Rohrkonstruktionen am besten zu erkennen ist (Abb. 21).

Das Innenrohr ist hierbei perforiert und besteht aus dünnem austenitischen Stahlblech, das äußere Rohr aus Kesselblech. Dazwischen befindet sich die Isolation. In dieser Trennung der Funktion ist eine der genialsten Lösungen des Luftturbinenprozesses zu erblicken.[1])

3. *Wärmetauscher*

Leider ist der Wärmetauscher ein um so schwierigerer Bauteil, je vollkommener er seine wärmetechnische Aufgabe erfüllen soll.[2]) Die Wärmeübergangszahl von Luft auf Luft ist niedrig. Ein großes Wärmegefälle kann nicht zur Verfügung gestellt werden, weil die Grädigkeit in vollem Umfange die Wirksamkeit vermindert. Hohe Luftgeschwindigkeiten können zur Verbesserung des Wärmeüberganges auch nur mit Vorsicht angewendet werden, weil sie Druckabfall und damit Verminderung der Turbinenleistung und Erhöhung der Kompressorleistung bedeuten. Es ist also notwendig, in diese Apparate sehr große Heizflächen einzubauen und den dadurch bedingten Aufwand an Raumbedarf und Kosten in Kauf zu nehmen.

Die Herstellerfirmen Escher-Wyss und die Gutehoffnungshütte haben auf die Entwicklung der Wärmetauscher besondere Mühen verwandt. Ursprünglich hatte sich Escher-Wyss für

---

[1]) Text zu Abb. 16 bis 21 nach KRESS, Anwendungsmöglichkeiten der Gasturbine im Rahmen der Heizkraftkupplung, Heizkrafttagung, TH Karlsruhe 1957, Praktische Energiekunde (1957) Heft 1/2, und

TAYGUN, F., Heißluftturbinenanlagen mit geschlossenem Kreislauf, Schweizer Bauzeitung **75** (1957) Nr. 24 und 25.

[2]) Siehe auch Vortrag von Herrn Dipl.-Ing. SCHÄFER, Bewag, auf der Heizkrafttagung im April 1958 in Berlin. Siehe auch S. 17, Anmkg. 1.

Glattrohrwärmetauscher entschieden. Dies ergab große Baulängen und einen großen Luftinhalt. Um dies zu vermeiden, wurde für Ravensburg ein neues Prinzip entwickelt. Ein Glattrohr wird zum Beispiel mit 5 mm breiten gewellten Bändern bewickelt und mit dem Rohr verlötet (Abb. 22). Die Hochdruckseite des Wärmetauschers befindet sich im Innern

Abb. 21. Hochdruckleitungen für heiße Luft in Doppelwandbauart

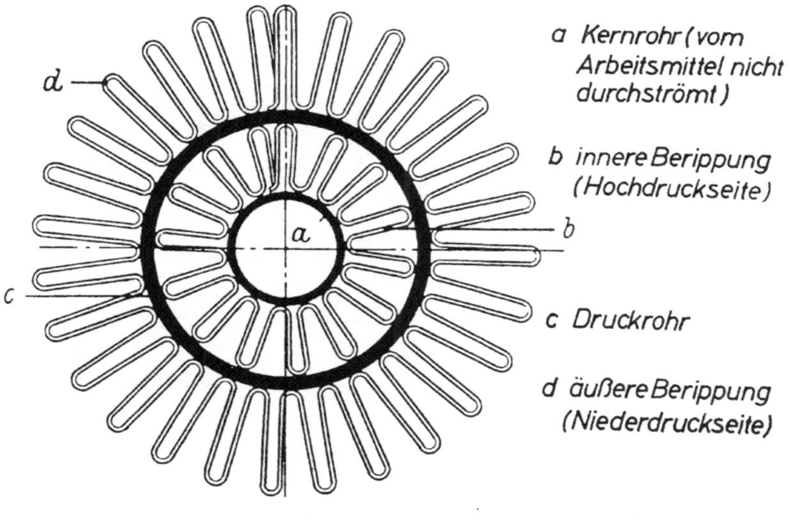

Abb. 22. Wellband-Rippenrohr für Wärmeübertragung

der Rohre. Im Innern der Rohre befinden sich weiterhin aus Herstellungsgründen erforderliche, verschlossene Führungsrohre, durch die bewirkt werden soll, daß die Strömung nur im Bereich der aufgelöteten Rippen vor sich gehen kann. Die Niederdruckseite ist außen, wobei ebenfalls zur Verhinderung von Nebenschlußströmungen kleine Aluminiumdreiecke eingelegt werden, so daß auch hier die Strömung nur im Bereich der Rippen vor sich geht.

Leider haben sich die theoretischen Erwartungen dieser Konstruktion, die eine Verringerung der Länge auf etwa ein Drittel gebracht hätte, nicht ganz erfüllt. Die Moskauer Anlage sowie die Coburger und die Oberhausener Anlage dürften wieder Glattrohr- oder Plattenwärmetauscher erhalten. Es ist aber zu hoffen, daß die Versuche an den Wellbandwärmetauschern fortgesetzt werden. Abgesehen von der Baulänge erfordert ein Glattrohr-Wärmetauscher, wie er von Escher-Wyss und der Gutehoffnungshütte entwickelt wurde, sehr viel Arbeitsstunden. Für den Coburger Wärmetauscher sind allein 32000 Rohre von 6 mm Durchmesser zu verlegen. Die Moskauer Anlage, die von Escher-Wyss, Zürich, gebaut wurde, ist übrigens mit Glattrohr-Wärmetauschern der Bauart Gea ausgestattet worden.

C. Wirkungsgrad der Anlagen unter Berücksichtigung der Wärmeabgabe[1]

Die Moskauer Anlage wird bei Vollast mit einem Anlage-Wirkungsgrad von 28,5% entsprechend 3015 kcal/kWh arbeiten, der auf die durch die Braunkohle zugeführte Wärme und die Generatorklemmenleistung bezogen ist. Als Heizkraftwerk arbeitet sie mit einer Vorlauftemperatur von 75°C und einer Rücklauftemperatur von 40 bis 45°C. Unter Berücksichtigung der Heizwärme ergibt sich in den Wintermonaten ein Gesamtwirkungsgrad bis zu 54%.

Für Coburg sind die entsprechenden Zahlen 29% beziehungsweise 83%, für Ravensburg 28% beziehungsweise 73%.

Beachtenswert ist, daß es sich hier um mittlere Anlagen mit Leistungen von nur 10, 6 und 2 MW handelt.

---

[1]) Nach TAYGUN a. a. O. Siehe S. 24, Anmkg. 1.

III. GASTURBINEN-HEIZKRAFTWERKE (OFFENER KREISLAUF)

A. Einführung

Gasturbinen werden seit Jahrzehnten entwickelt und gebaut. Bisher war aber ihre Bedeutung sowohl für die öffentliche Elektrizitätserzeugung als auch die Heizkraftwirtschaft gering. Die ersten Gasturbinen brachten gerade ihre Kompressionsarbeit auf. Erst durch die Entwicklung der Werkstofftechnik, die durch den Bau der Strahltriebwerke neue Impulse erhielt, gelang es, hochtemperaturunempfindliche Werkstoffe von beträchtlicher Lebensdauer zu schaffen. Von der Flugzeugtechnik wurden aber auch die Gedankengänge der Strömungstheorie übernommen. Die Tragflügeltheorie spielte auch bei dem Bau moderner Kompressoren eine entscheidende Rolle.

Weniger erfolgreich war man bei der Verbesserung anderer wichtiger Konstruktionselemente. So sind die Wärmetauscher, die wir schon bei den Luftturbinenanlagen behandelt haben, immer noch ein Sorgenkind. Ihre Kosten und ihr Platzbedarf stellen in den Anlagen eine erhebliche Vorbelastung jedes Werkes dar, und es ist daher verständlich, daß alle Länder mit niedrigen Ölkosten auf die Wärmetauscher verzichten und lieber einen schlechten thermischen Wirkungsgrad in Kauf nehmen.

Es verdient, festgehalten zu werden, daß die Betriebssicherheit der Gasturbinen weit besser ist als ihr Ruf. Gasturbinenwerke laufen beispielsweise in den Tropen und Subtropen ohne jegliche Reserveanlage und ohne nennenswerte Störungen (Zahlentafel 2).

Zahlentafel 2

Betriebszeiten einiger für Ölraffinerien gebauter Gasturbinen

Inbetriebsetzungsjahr	Gesamte mögliche Betriebszeit der Gruppe bis 30. 6. 50 Kalendertage	Wirkliche Betriebszeit der Gruppe bis 30. 6. 50 Tage	Gesamte Stillstände wegen Störungen in der Anlage Tage	Stillstände wegen Störungen an der Gasturbinen-Gruppe Tage	Stillstandszeit wegen Störungen an der Gasturbinen-Gruppe, bezogen auf die gesamte Betriebszeit der Gruppe
1936	4345	4295	50	43	etwa 1%
1939	3738	3688	50	$30^1/_2$	„ 0,8%
1939	3887	3867	20	10	„ 0,26%
1941	2669	2500	169*)	85*)	„ 3,2%*)
1941	3159	3098	61	47	„ 1,5%
1941	3126	3084	42	24	„ 0,76%

*) Diese verhältnismäßig große Stillstandszeit war durch Mangel an Reserveteilen bedingt

Die Ausfälle durch Störungen liegen bei etwa 0,8 bis 1,5% der möglichen Betriebszeiten. Das sind Betriebszahlen, die durchaus mit denen moderner Dampfkraftwerke konkurrieren können. Allerdings sind diese „narrensicheren" Anlagen überwiegend ohne Wärmetauscher oder komplizierte Hilfsbetriebe gebaut (Abb. 23.)

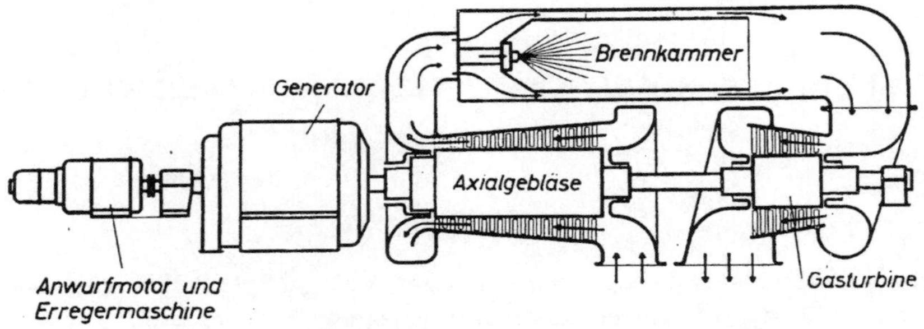

Abb. 23. Schema einer Einwellen-Gasturbine ohne Luftvorwärmer

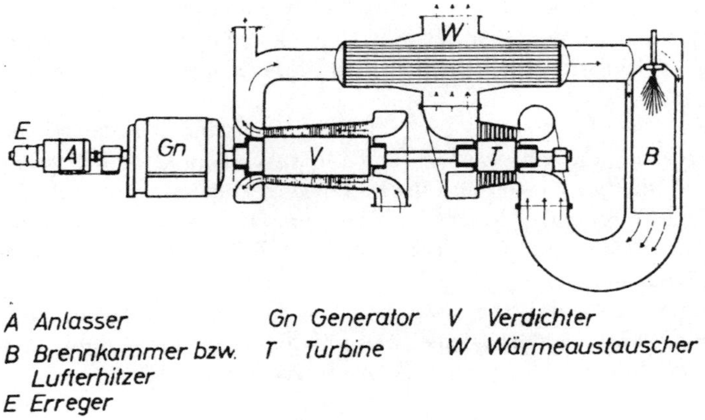

Abb. 24. Offene Gasturbine mit Wärmetauscher

Je durchgearbeiteter eine Anlage und je höher ihr Wirkungsgrad ist, um so größer ist ihre Anfälligkeit. Abb. 24 zeigt die einfachste Konstruktion einer Gasturbine mit Wärmetauscher.

Daher weisen auch die europäischen Anlagen mehr Störungen auf als die außereuropäischen, weil man bei den letzteren nicht so auf den Wirkungsgrad zu achten hatte.

Selbstverständlich muß eine Turbinengattung, die neu ist, mehr Kinderkrankheiten haben als eine solche, die auf eine fast 100jährige Entwicklung zurückblicken kann. Es ist daher völlig verfehlt, Störungen, die bei jeder Neukonstruktion auftreten können, zu dramatisieren.

B. Ausgeführte Gasturbinenkraftwerke

Gasturbinenkraftwerke für die öffentliche Versorgung müssen, insbesondere wenn sie Fernwärme abgeben sollen, unbedingt betriebssicher sein. Betrachten wir daher zunächst das Verhalten von ausgeführten Gasturbinenzentralen nach den Angaben von BBC Schweiz, da in Deutschland Erfahrungen mit offenen Gasturbinen leider nicht vorliegen.[1])

1. Gasturbinenzentrale Neuenburg in der Schweiz

Im Herbst des Jahres 1939 wurde diese erste größere Gasturbinenzentrale mit einer Klemmenleistung von 4000 kW als Notstromzentrale bei den Städtischen Elektrizitäts-

[1]) Nach BBC-Gasturbinen, Brown, Boveri und Cie., AG, Mannheim (KS 1008/Seite 155. 1000. GKD).

werken Neuenburg/Schweiz dem Betrieb übergeben. Ihr Aufbau entspricht dem Schema der Abb. 23 (Gasturbine ohne Wärmetauscher).

Bei kalter Maschine wird Vollast in etwa 12 Minuten erreicht, wenn nötig, wurde die Gruppe aber auch schon in 8 Minuten vom Stillstand auf Vollast gebracht. Bei einer ersten Kontrolle nach acht Jahren waren Turbine und Gebläse in sehr gutem Zustand. Das Axialgebläse brauchte damals noch nicht gereinigt zu werden. Als Brennstoff wurde Heizöl I verwendet, ein leichtes Öl, das nicht vorgewärmt werden muß.

Zahlentafel 3 enthält einige Daten, aus denen das Verhalten bei plötzlichen Belastungen und Entlastungen hervorgeht. Trotz der kleinen bleibenden Ungleichförmigkeit arbeitet die Regelung vollkommen stabil.

Zahlentafel 3

Ergebnis der Regelversuche der Gasturbine Neuenburg/Schweiz

Drehzahl U/min	Plötzliche Laständerung kW	Vorübergehende Ungleichförmigkeit %	Bleibende Ungleichförmigkeit %
3000	0...2000	2,2	0,85
3000	2000...0	2,3	0,85
3000	0...3000	5	1,65
3000	3000...0	4,3	1,3
3000	0...4000	5,0	2,65
3000	4000...0	5,8	2,50

2. *Elektrizitätswerk Filaret, Bukarest*

Hier handelt es sich um die erste zweistufige Gasturbinengruppe, die BBC für das Elektrizitätswerk Filaret in Bukarest im Jahre 1946 gebaut hat (Abb. 25) und die mit Erdgas betrieben wird.

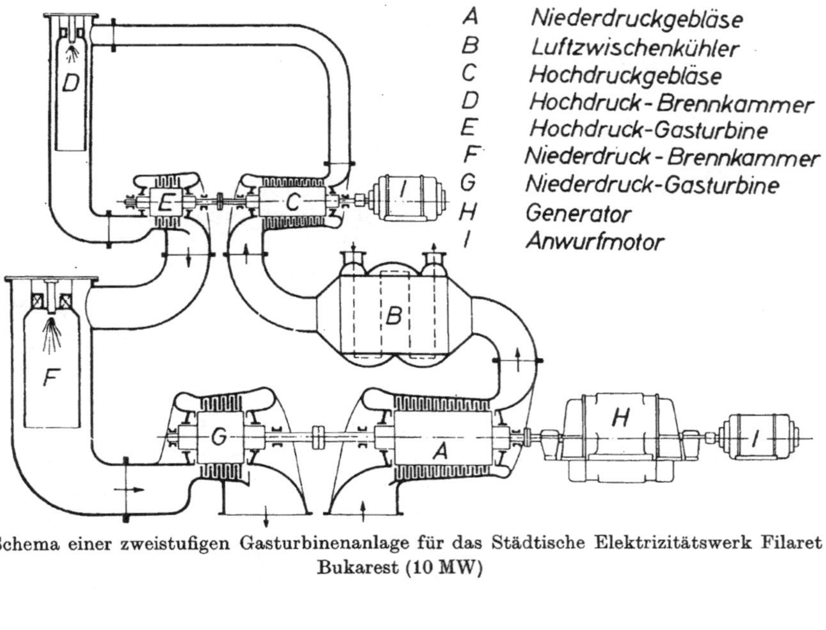

Abb. 25. Schema einer zweistufigen Gasturbinenanlage für das Städtische Elektrizitätswerk Filaret der Stadt Bukarest (10 MW)

Die Anlage wurde 1951 in Betrieb genommen. Sie läuft nach Bedarf 4 bis 16 Stunden.

Dem Niederdruckgebläse A ist ein Luftzwischenkühler B nachgeschaltet, der für Heizung der Luft Verwendung finden kann. Hinter dem Hochdruckgebläse C arbeitet die Hochdruckbrennkammer D. Die Abgase durchströmen die Hochdruckgasturbine E, die mit dem Hochdruckkompressor C gekoppelt ist, und treten nach einer Zwischenerhitzung in der Niederdruckbrennkammer F in die Niederdruckgasturbine G ein, die mit dem Niederdruckgebläse A und dem Generator H auf einer Welle sitzt.

Die Anfahrzeit der Gruppe bei kalter Maschine beträgt nur 8 Minuten (Zahlentafel 4).

Zahlentafel 4

Schnellstart der 10000-kW-Gasturbinengruppe Filaret, Rumänien

Anwurfmotor I der Hochdruckwelle eingeschaltet	zum Zeitpunkt 0
Anwurfmotor I der Niederdruckwelle eingeschaltet	nach 5 s
Zünden der Hochdruck-Brennkammer D	„ 25 s
Zünden der Niederdruck-Brennkammer F	„ 1 min
Normaldrehzahl der Niederdruckgruppe G	„ 4 min
Belastungsbeginn	„ 5 min
Vollast von 10000 kW erreicht	„ 8 min

Durch ein Fehlmanöver beim Zünden ereignete sich im Sommer 1952 in der Niederdruck-Brennkammer eine Erdgasexplosion, die von der Maschine ausgehalten wurde und keinen äußerlichen Schaden anrichtete. Im Innern der Turbine jedoch wurden Blechauskleidung und Umlenkgitter beschädigt. Auch die erste Schaufelreihe der Niederdruckturbine wurde durch den Schlag der Explosion verbogen und mußte ersetzt werden. Dieser Unfall setzte die Gruppe für ein halbes Jahr außer Betrieb. Sie wurde dann wieder während etwa 16 Stunden täglich mit 10000 kW belastet. Auch diese Anlage lief bisher mehrere hundertmal an, das zeigt, daß bei ordnungsgemäßer Behandlung eine erdgasgefeuerte Gasturbine ebenso sicher in Betrieb gesetzt werden kann wie die anderen erdgasgefeuerten Kraftanlagen.

3. Zweiwellen-Gasturbinenanlage im Elektrizitätswerk Santa Rosa, Lima/Peru

Für hohe thermische Wirkungsgrade und große Leistungen sind mehrstufige Gasturbinen mit Luftvorwärmern entwickelt worden. Die erste Maschine dieser Art, eine Zweiwellenanlage mit Luftvorwärmern und einer Leistung von 10 MW wurde von BBC für das Elektrizitätswerk Santa Rosa der Stadt Lima gebaut (Abb. 26).

Die Anlage arbeitet mit doppelter Zwischenkühlung und einfacher Zwischenüberhitzung. Der Generator ist auf der Hochdruckwelle angeordnet; dadurch ist man in der Lage, die Drehzahl der Niederdruckgruppe und damit die geförderte Luftmenge der Belastung anzupassen und auch bei Teillasten mit hohen Temperaturen zu arbeiten; das führt zu guten Teillastwirkungsgraden und kleinem Leerlauf-Brennstoffverbrauch. Jeder Belastung ist regelungstechnisch eine bestimmte Drehzahl der Niederdruckgruppe zugeordnet.

Die Anlage wurde am 20. November 1949 dem Betrieb übergeben. Seit Januar 1952 ist sie nur noch als Reserveanlage eingesetzt. Ihre Störungen waren unbedeutend.

Bei einer mittleren Belastung von 73% wurde ein Brennstoffverbrauch von 357 g/kWh festgestellt; in diesen Verbrauch ist der Anfahrverbrauch eingeschlossen. Der thermische Wirkungsgrad an den Klemmen betrug dabei 24%.

Die Wärmemengen, die von den Zwischenkühlern abgeführt wurden, lassen sich im Bedarfsfalle natürlich für eine Fernwärmeversorgung verwenden.

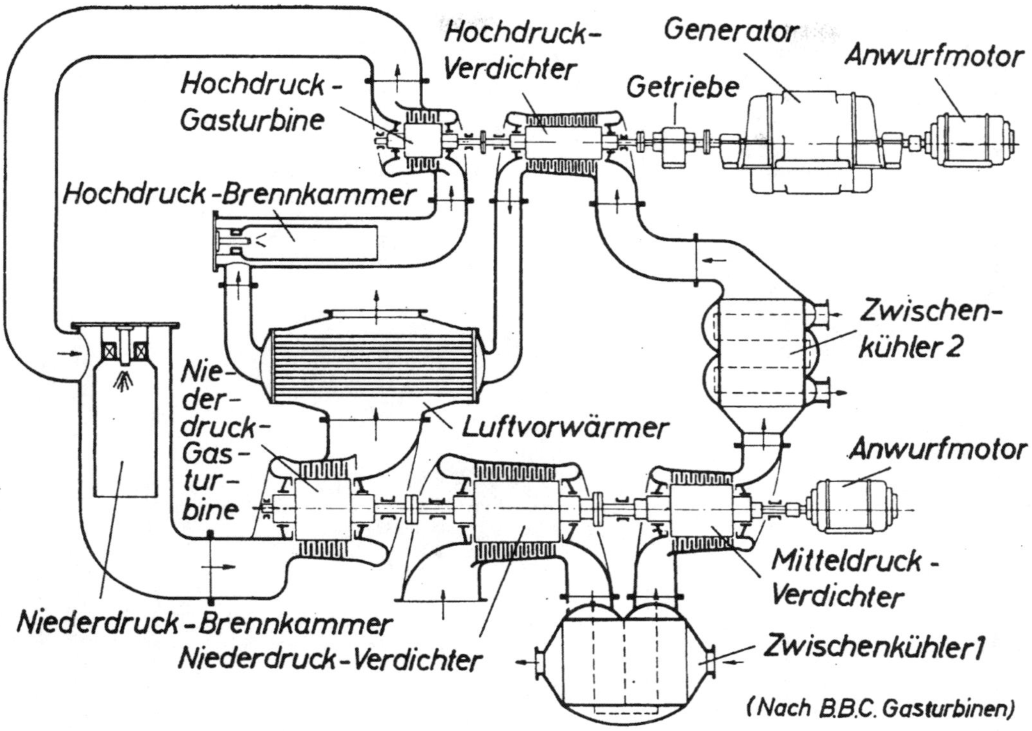

Abb. 26. Schema der ersten mehrstufigen Gasturbine mit Luftvorwärmer im Elektrizitätswerk Santa Rosa in Lima (10 MW)

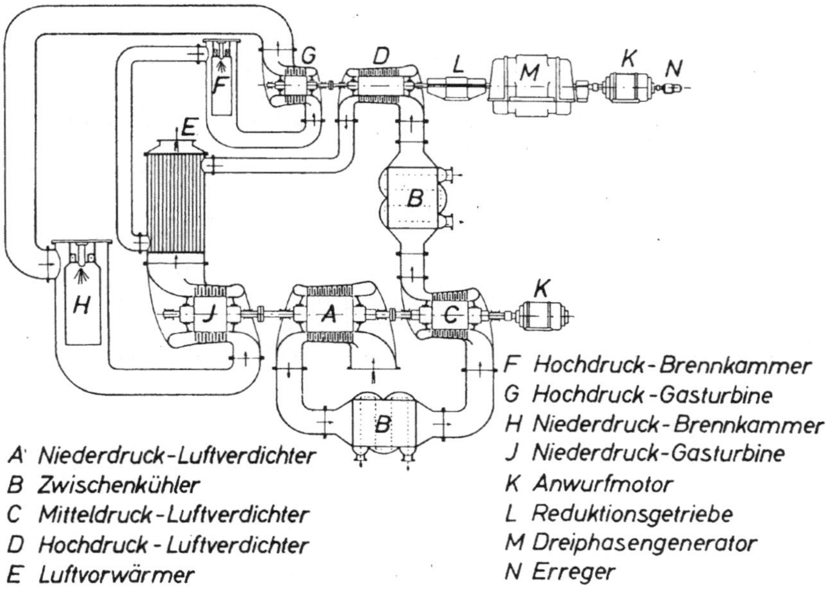

Abb. 27. Schema des Gasturbinenkraftwerks Beznau (13 und 27 MW)

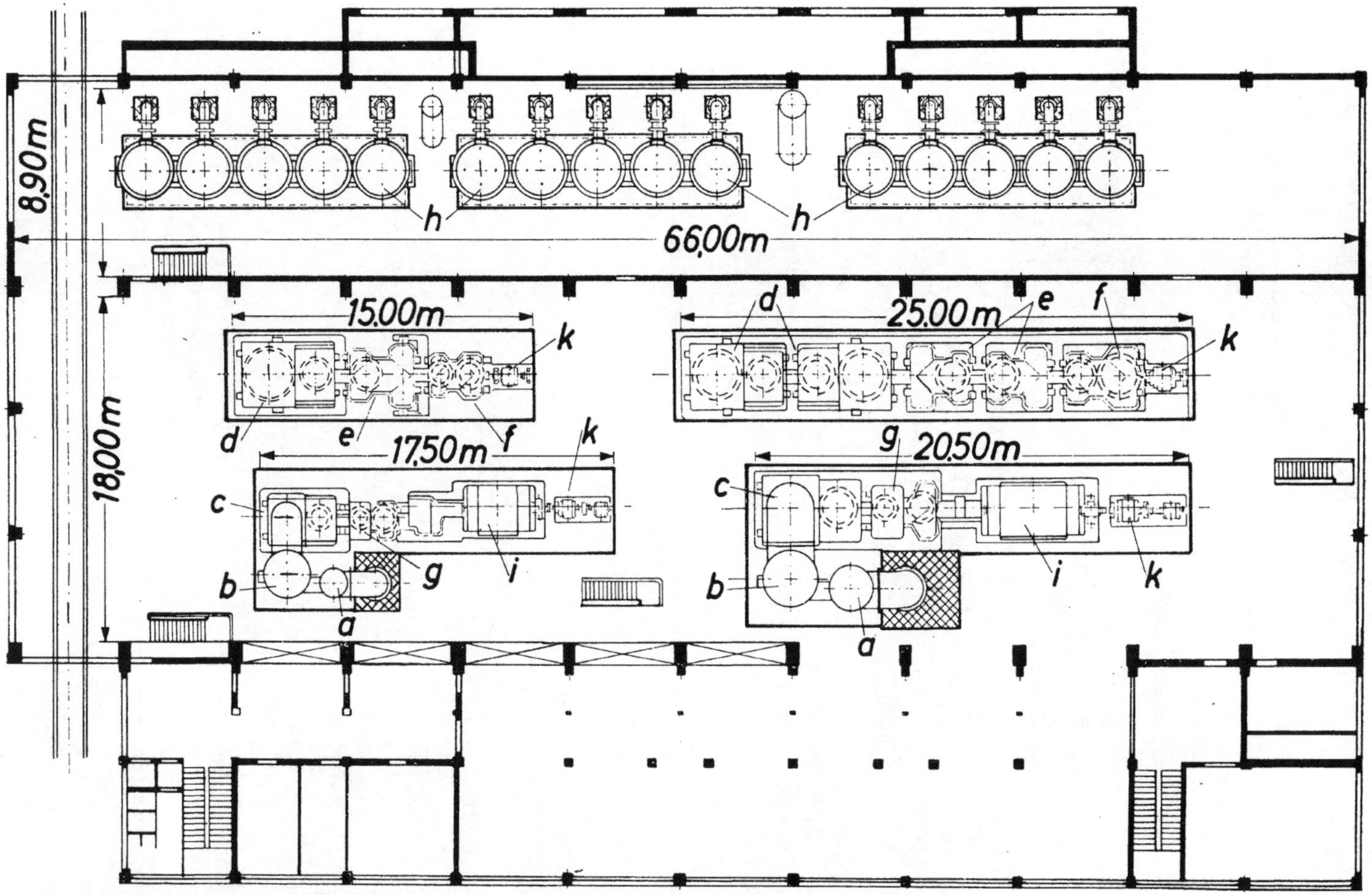

a Hochdruck-Brennkammer
b Niederdruck-Brennkammer
c Hochdruck-Gasturbine
d Niederdruck-Gasturbine
e Niederdruck-Luftverdichter
f Mitteldruck-Luftverdichter
g Hochdruck-Luftverdichter
h Luftvorwärmer
i Dreiphasengenerator
k Anwurfmotor

Abb. 28. Lageplan der Maschinenhalle im 40000-kW-Gasturbinenkraftwerk Beznau

4. Gasturbinenkraftwerk Beznau der Nordostschweizerischen Kraftwerke AG, Schweiz

Wir wollen diesen historischen Überblick noch mit einer Erörterung des bisher größten europäischen Gasturbinenkraftwerks in Beznau beenden, das über eine installierte Leistung von 40000 kW verfügt. Die Gruppen sind nach dem Schema der Abb. 27 gebaut.

Im Januar 1948 wurde die 13000-kW-Gruppe und ein Jahr später die 27000-kW-Gruppe in Betrieb genommen. Abb. 28 zeigt den Lageplan der Maschinenhalle.

Parallel zu der Maschinenhalle sieht man die Grundflächen der 15 Wärmetauscher. Links darunter liegt die 13000-kW-Anlage und daneben die 27000-kW-Anlage. Die Abb. 29 gibt die Innenansicht des Werkes.

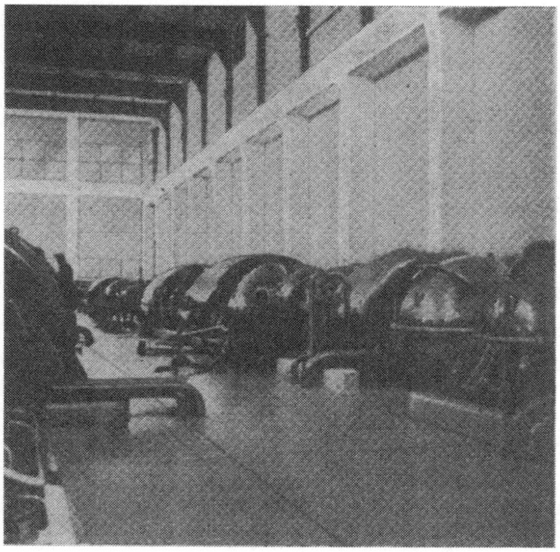

Abb. 29. Kraftwerk Beznau der Nordostschweizerischen Kraftwerke mit 27 und 13 MW

Die Hauptdaten dieser Anlage gibt Zahlentafel 5 wieder.

Zahlentafel 5

Hauptdaten der Gasturbinengruppe für das Kraftwerk Beznau der Nordostschweizerischen Kraftwerke

	Einheit	Kleine Gruppe	Große Gruppe
Klemmenleistung	kW	13000	27000
Luftansaugtemperatur	°C	5	5
Kühlwassertemperatur	°C	5	5
Temperatur vor Hochdruck-Gasturbine	°C	650	600
Temperatur vor Niederdruck-Gasturbine	°C	600	600
Druckverhältnisse der Niederdruckgruppe		3,8	3,9
Enddruckverhältnis		8,8	8,1
Luftmenge	kg/s	90	180
Abgastemperatur nach Luftvorwärmer	°C	180	180
Wirkungsgrad der Luftvorwärmer	%	80	80
Drehzahl der Hochdruckgruppe	U/min	4750/3000	3000
Drehzahl der Niederdruckgruppe	U/min	1600...3000	1600...3000
Nennleistung der Anwurfmotoren	kW	740	1500
Thermischer Klemmenwirkungsgrad	%	30,6	34
Kühlwassermenge	m^3/h	600	1200

Die Schwierigkeiten, die bei diesem Werk aufgetreten sind, waren beträchtlich. Sie sind aber von der Firma BBC offen dargelegt worden, so daß ich mich hier kurz fassen kann.

Die Gasturbinen waren für Luft- und Kühlwassertemperaturen von 5° C berechnet worden, wurden aber später auch im Sommer eingesetzt.

Die 13-MW-Turbinengruppe

Da man bei der Konstruktion dieser Turbinen von Dampfturbinenkonstruktionen ausgegangen war, traten bei der 13-MW-Turbine Schaufelbrüche auf. Die Ursachen waren konstruktiver, aber auch interkristalliner Art.

Die Störungen waren vielfältiger Art (Verschmutzungen an Hoch- und Mitteldruckverdichter, Taupunkt-Korrosionen, Verkrustungen usw.). Nach Behebung der Störungen wurden am 15. 2. 51 und 23. 9. 52 offizielle Messungen durchgeführt, deren Ergebnis Zahlentafel 6 wiedergibt.

Zahlentafel 6

Messungen an der 13000-kW-Gasturbinengruppe der Anlage Beznau

	Einheit	Messungen vom 15. 2. 1951	
Meßpunkt		1	2
Gemessene Netto-Klemmenleistung	kW	14190	12990
Gemessener Brennstoffverbrauch	kg/h	4161,78	3759,22
Unterer Heizwert	kcal/kg	9885	
Zugeführte Wärmemenge	kcal/h	41139195	37159889
Lufttemperatur	°C	2,7	4,7
Kühlwassertemperatur	°C	5,5	5,6
Brennstoffqualität		Heizöl IV	
Spezifisches Gewicht des Brennstoffes bei 50°C	g/cm³	0,906	
Klemmenleistung auf Garantieverhältnisse umgerechnet	kW	14140	12950
Thermischer Klemmenwirkungsgrad auf Garantieverhältnisse umgerechnet	%	29,6	30,1

	Einheit	Messungen vom 23. 9. 1952	
Meßpunkt		1	2
Gemessene Netto-Klemmenleistung	kW	13516	12312
Gemessener Brennstoffverbrauch	kg/h	4201,46	3780,78
Unterer Heizwert	kcal/kg	9850	
Zugeführte Wärmemenge	kcal/h	41384381	37240830
Lufttemperatur	°C	12,5	11,1
Kühlwassertemperatur	°C	15,7	14,9
Brennstoffqualität		Heizöl IV	
Spezifisches Gewicht des Brennstoffes bei 50°C	g/cm³	0,908	
Klemmenleistung auf Garantieverhältnisse umgerechnet	kW	14230	12850
Thermischer Klemmenwirkungsgrad auf Garantieverhältnisse umgerechnet	%	29,6	29,8

Die Maschine hat zwischen Vollast und Halblast sehr hohe thermische Wirkungsgrade. Der Leerlauf-Brennstoffverbrauch der Gruppe beträgt 22% des Verbrauchs bei Vollast.

Die 27-MW-Turbinengruppe

Auch hier waren zunächst manche Störungen zu beheben (Schwingungserscheinungen an den Schaufeln des Niederdruckgebläses, Brand in den Luftvorwärmern, Verschmutzung der Turbinenschaufeln durch Schlackenbildung usw.). Die Turbine läuft heute einwandfrei.

C. Fernwärmeversorgung aus Gasturbinen

Im Hinblick auf die Betriebssicherheit moderner Gasturbinenanlagen wäre es natürlich möglich, sie auch im Grundlastbetrieb einzusetzen. Dieser Einsatz hängt aber ausschließlich von den Brennstoffkosten ab. Zur Zeit sind die Ölpreise zum Beispiel in Westdeutschland wegen der Mineralölzölle und Steuersätze noch so hoch, daß man Gasturbinen wirtschaftlich nur als Spitzenkraftwerke einsetzen kann. Auch ihr Einsatz in der Heizkraftwirtschaft hängt davon ab.

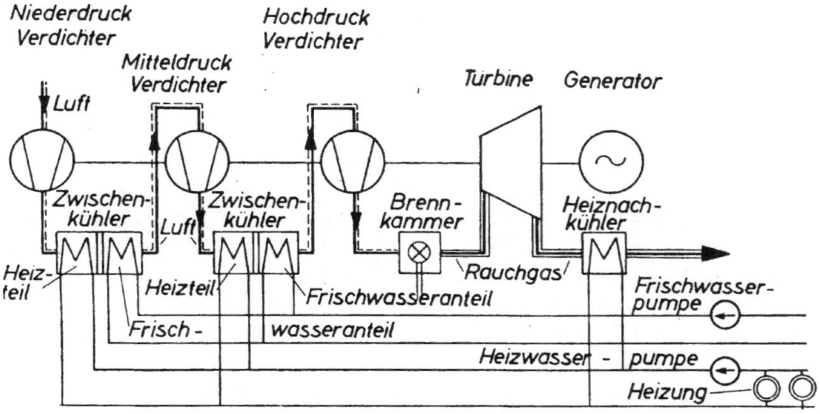

Abb. 30. Schema einer Gasturbine zur Erzeugung von elektrischer Arbeit und Heißwasser

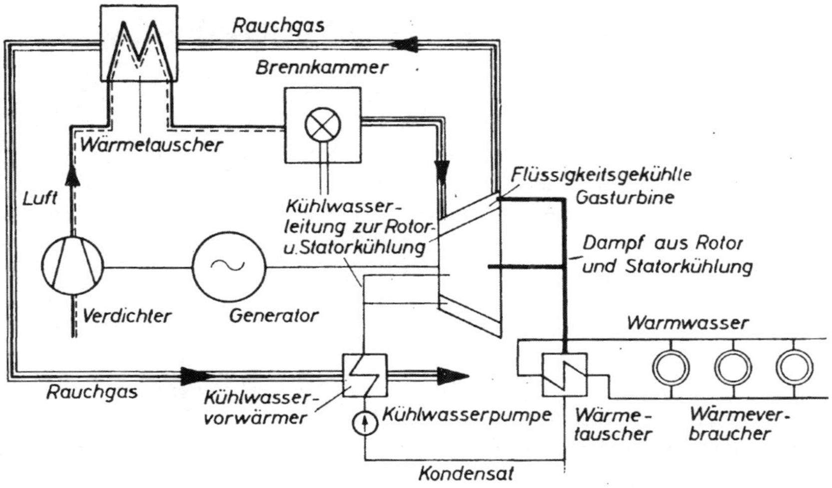

Abb. 31. Schema einer flüssigkeitsgekühlten Gasturbine im Heizkraftwerk

Abb. 30 zeigt nach BAMMERT[1]) das Schema einer Anlage, die elektrische Arbeit und Heißwasser erzeugen kann. Die dargestellte Anlage sieht zwei Zwischenkühler (aufgeteilt in Heiz- und Frischwasserteil) und einen Heizkühler vor, um teilweise die Verdichterwärme und die gesamte Turbinenabwärme (bis auf eine Abgastemperatur von etwa 150°C) auszunutzen.

[1]) BAMMERT, K., Die Gasturbine im Heizkraftwerk, Heizkrafttagung 1956, TH Karlsruhe.

BAMMERT hat nachgewiesen, daß die elektrische Ausbeute um so größer wird, je größer das gesamte Druckverhältnis gewählt wird. Die Ausbeute an Heizwärme geht aber entsprechend zurück. Mit der Anlage kann man Heißwasser und Niederdruckdampf erzeugen. In beiden Fällen dienen die Heizteile der Zwischenkühler als Vorwärmer.

BAMMERT behandelt in dem genannten Vortrag auch eine flüssigkeitsgekühlte Gasturbine im Heizkraftwerk (Abb. 31).

Sobald man bei der Gasturbine auf hohe Gastemperaturen von 1000°C und mehr übergeht, müssen Turbinenschaufeln, Läufer und Leitschaufelträger, soweit diese aus Stahl hergestellt werden, mit Flüssigkeit (Wasser) gekühlt werden. Dabei unterscheidet man reine Flüssigkeitskühlung und Verdampfungskühlung. Im ersten Falle wird so viel Wasser durchgesetzt, daß Dampfbildung vermieden wird; es wird Heißwasser erzeugt. „Im anderen Falle wird das eingespeiste Wasser verdampft und tritt als fast trocken gesättigter Dampf aus dem Läufer, der unter Umständen im Leitschaufelträger überhitzt werden kann, wenn dieser nicht selbst zur Naßdampferzeugung mit herangezogen wird.“

Rechnungen, die von BAMMERT „mit gemessenen Wärmeübergangszahlen durchgeführt wurden, zeigen, daß je nachdem, ob mit Verdampfungskühlung oder Flüssigkeitskühlung gearbeitet wird, das Verhältnis von Heizleistung zu Nutzleistung Werte von etwa 0,5 bis 1 Gcal/kWh erreicht“. Diese Werte sind nach BAMMERT bereits diskutabel. Sie werden überschritten, wenn auf den in Abb. 31 dargestellten Wärmetauscher ganz oder teilweise verzichtet wird. Die durch die hohe Gaseintrittstemperatur in der Turbine bedingte günstige Umsetzung der Brennstoffenergie in mechanische Energie und die Ausnutzung der Kühlwärme als Heizwärme ermöglichen die Verwendung der flüssigkeitsgekühlten Gasturbine im Heizkraftwerk.

D. Vergleich von Luft-, Dampf- und Gasturbinen

Die bisher getroffenen Feststellungen lassen sich vielleicht in folgendem Vergleich zusammenfassen[1]):

Während bei der Luftturbine der Wärmeträger, die Luft, niemals verschmutzt werden kann, ist dies bei der Gasturbine nicht zu vermeiden, und bei der Dampfturbine sind Speisewasserverschmutzungen durch rücklaufendes Kondensat aus Fernwärmeversorgungen möglich.

Dies bedeutet bei der Luftturbine kleinste Rohrdurchmesser der Apparate, keinen Angriff auf die Beschaufelung und hohe Betriebssicherheit, dabei auch auf die Dauer unverändert hohe Wärmeübergänge und Maschinenwirkungsgrade. Bei der Gasturbine haben die Verschmutzungen die Abnutzung der Schaufeln durch Verbrennungsrückstände zur Folge. Speisewasserverschmutzungen im Dampfprozeß greifen Rohre und Trommeln an.

Bei der Luftturbine kann man mit den Grenztemperaturen an die höchst zulässige Grenze gehen; sie kann bei Teillast gesteigert werden. Beim Gasturbinenprozeß müssen die Temperaturen bei Teillast gesenkt werden, beim Dampfprozeß bringen höchste Temperaturen nicht den entsprechenden Gewinn.

Höchstdrücke beeinflussen im Luftturbinenprozeß den Wirkungsgrad nicht, im Gasturbinenprozeß sind Höchstdrücke nutzlos, im Dampfprozeß steigern sie den Wirkungsgrad.

Beim Dampf- wie beim Luftturbinenprozeß sind alle Brennstoffe verwendbar, im Gasturbinenprozeß nur gas- oder ölförmige. Die Grenzleistungen für die offene Gasturbine dürften vielleicht bei 25 MW liegen, Luftturbinen werden für 25 MW angeboten, können aber bis

[1]) Nach Prof. Dr. KELLER, Die aerodynamische Turbine im Vergleich zu Dampf- und Gasturbine. Sonderdruck aus Escher-Wyss-Mitteilungen 1942/43.

100 MW gebaut werden. Für Dampf liegt die Grenzleistung der Einwellenmaschine z. Z. bei 275 MW.

Während Dampf- und Luftturbinen überlastbar sind, ist dies bei der Gasturbine schlecht möglich.

Kühlwasser wird bei der Gasturbine nur in Ausnahmefällen benötigt. Bei der Luftturbine ist der Bedarf gering, bei der Dampfturbine im Kondensationsbetrieb sehr hoch.

Bei der Luftturbine läßt sich durch eine gesteigerte Kreislaufdichte eine vollkommene Regeneration mit kleinen Abmessungen durchführen, bei der Dampfturbine nur für einen Teil der Speisewasser-Vorwärmung, der bei Teillast noch absinkt. Beim Gasturbinenprozeß ergeben sich mit praktisch ausführbaren Abmessungen wesentlich höhere Temperaturverluste des Wärmetauschers und keine wirtschaftliche Zwischenkühlung.

Die Wirkungsgrade bei Teillast bleiben bei der Luftturbine fast unverändert, da die Teillast durch veränderte Kreislaufdichte ohne Temperaturvariation und ohne thermische Einbuße geregelt wird. Bei der Gasturbine hat die Senkung des verarbeiteten Temperaturgefälles einen starken Wirkungsgradrückgang zur Folge. Auch bei der Dampfturbine fällt der Wirkungsgrad durch schlechtere Stufenwirkungsgrade und Drosselverluste.

Gasturbinen können für alle Kraftwerksaufgaben eingesetzt werden. Der Bereich ihres Einsatzes hängt von den Ölpreisen ab. Wegen ihrer schnellen Startmöglichkeit sind sie die ideale Reservekraftquelle.

Luftturbinen sind als Spitzenanlagen nicht sehr geeignet. Ihr Haupteinsatzgebiet ist die Deckung der Grund- und Mittellast. Dampfkraftwerke sind bei entsprechenden Konstruktionen in allen Teilen der Belastungskurve einsetzbar.

Als Heizkraftwerk wird man nach dem heutigen Stand der Technik für große Anlagen den Dampfkraftwerken den Vorzug geben, für mittlere und kleinere Anlagen ist die Luftturbine überlegen. Gasturbinen sind in den Bereichen auch als Heizkraftwerke einsetzbar, in welchen sie verwendet werden.

IV. HEIZKRAFTWERKE MIT FREIKOLBENGENERATOREN

A. Einführung

Bei der Gasturbine mit Freikolbenverdichter liefert eine in Frankreich aus dem Freikolbenverdichter von Prof. JUNKERS entwickelte Kolbenmaschine ein Gasluftgemisch von etwa 450° C und 4 ata, das einer Gasturbine zugeführt wird. Die Verdichtungsarbeit wird bei hohen Temperaturen und hohem Druck geleistet, wodurch der thermische Wirkungsgrad solcher Anlagen besonders günstig wird. Ein 6-MW-Kraftwerk der Electricité de France erreicht bei Volllast den günstigen Wert von 2500 kcal/kWh. (Ein Wert, der sonst nur bei neuen Großkraftwerken auf Dampfgrundlage erreicht oder unterschritten wird. Der Freikolbenverdichter hat allerdings einen sehr hohen Schmierölverbrauch.)

Die Gasturbine mit Freikolbenverdichter bietet in einem Leistungsbereich von etwa 2 bis 10 MW auch kleineren Städten für eine eigene Stromerzeugung, insbesondere in Verbindung mit einer Fernheizung, günstige Möglichkeiten. Das Schema des Freikolbengenerators zeigt Abb. 32.

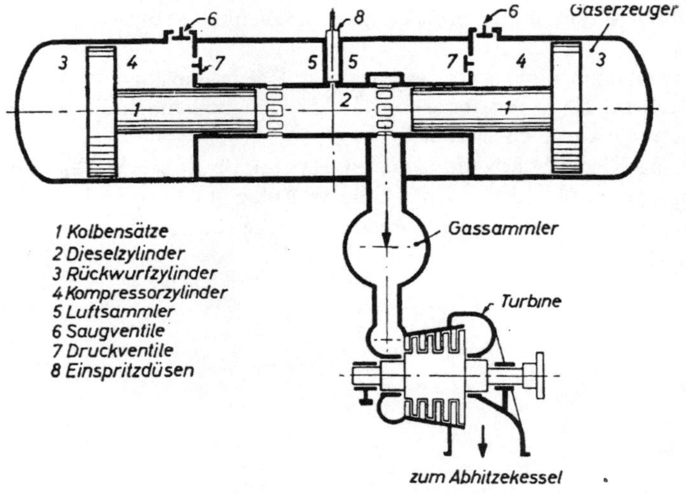

Abb. 32. Schema einer Freikolben-Turboanlage

Der Freikolbengaserzeuger enthält zwei gegenläufige, freischwingende Dieselkolben (*1*), den Zweitaktdieselzylinder (*2*) mit je 12 Einlaß- und Auslaßschlitzen, die Rückwurfzylinder (*3*), die Kompressorzylinder (*4*) und den Luftsammler (*5*).

In die hochverdichtete und hocherhitzte Luft wird kurz vor dem inneren Totpunkt der Kolben durch Düsen (*8*) Brennstoff eingespritzt, der augenblicklich zündet und schnell verbrennt. Die beiden Kolbenpaare werden mit großer Kraft nach außen geschleudert. Zugleich wird durch das Saugventil (*6*) von außen Luft in den Kompressorzylinder hineingesaugt und die Luft in den beiden Rückwurfzylindern (*3*) zusammengepreßt. Kurz vor dem äußeren Totpunkt werden die Auspuffschlitze freigelegt, und die Verbrennungsgase strömen in den Gassammler. Kurz danach werden die Spülschlitze frei, so daß die im Luftsammler (*5*) gespeicherte Druckluft den Dieselzylinder spült und sich mit den Verbrennungsgasen mischt, so daß sich im Gassammler ein Gasluftgemisch von rd. 450°C und 4 ata ansammelt, das etwa zu 80% aus Luft und zu 20% aus Verbrennungsgasen besteht. Dieses Gasluftgemisch wird der Turbine zugeführt und treibt diese mit dem elektrischen Generator an. Aus der Turbine treten die Abgase mit etwa 250° C aus. Die im Zylinder (*3*) entstehende Preßluft schleudert die beiden Kolbenpaare (*1*) wieder nach innen und drückt dabei die von außen angesaugte Luft durch

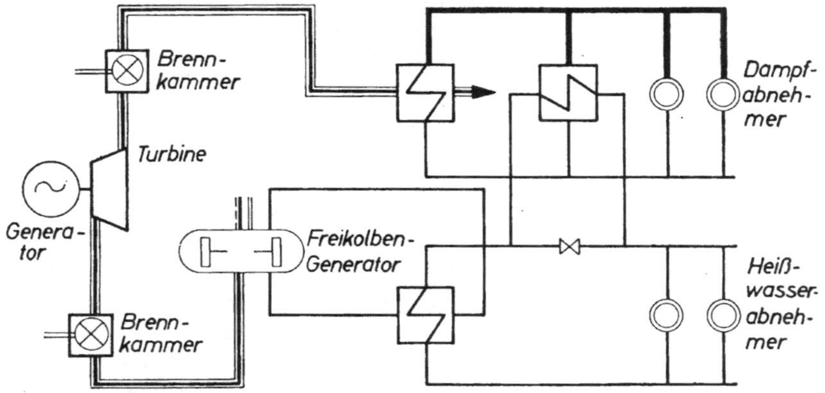

Abb. 33. Freikolbengenerator mit Gasturbine und Zwischenüberhitzung

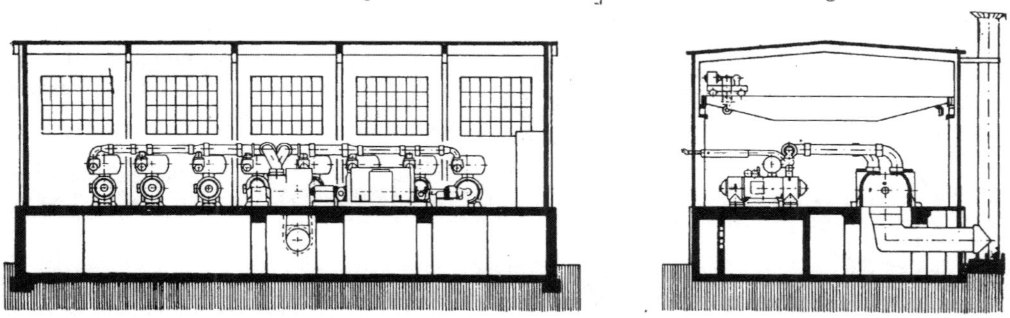

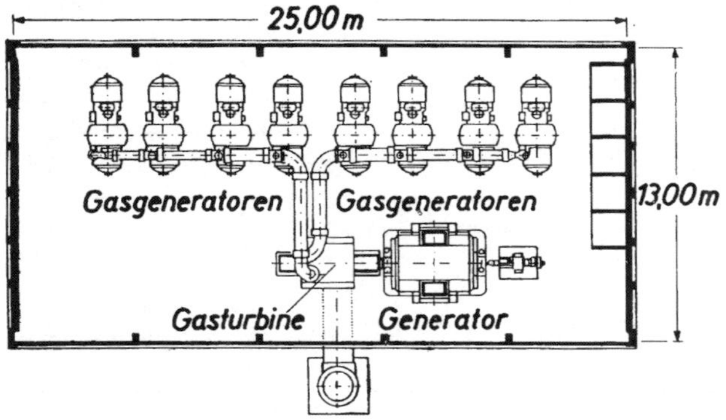

Abb. 34. 6000-kW-Kraftwerk mit 8 Freikolbengeneratoren

die Druckventile (*7*) in den Luftsammler (*5*). Überschreiten die beiden Dieselkolben (*1*) die 12 Einlaß- und Auslaßschlitze, dann strömt kein Gasluftgemisch mehr in den Sammler. Die sowohl im Dieselzylinder (*2*) als auch im Luftsammler (*5*) vorhandene Luft wird wieder verdichtet. Der Kreisprozeß beginnt dann mit Einspritzen des Brennstoffes von neuem.

Neben der Kühlwärme des Freikolbenverdichters kann der Wärmeinhalt der Turbinenabgase für eine Fernheizung genutzt werden, wobei sich die Leistung des Abhitzekessels durch Zusatzverbrennung sowohl vor als auch hinter der Gasturbine wesentlich erhöhen läßt (Abb. 33). Im ersten Fall wird außerdem die elektrische Leistungsabgabe der Turbine angehoben.

Gegenüber Dampf- und Heißluftturbinen gleicher Größe zeichnet sich dieser Gasturbinentyp durch geringere Anlagekosten aus.

Die zur Zeit größte europäische Anlage mit 6 MW befindet sich im Kraftwerk Cherbourg, dessen Grundriß einen Überblick über die geringen Ausmaße dieser Anlage gibt (Abb. 34).

Bemerkenswert ist die starke Unterteilung der Anlage auf 8 Gasgeneratoren zu je 1000 PS. Jeder ist für sich abschaltbar, so daß der Ausfall eines Erzeugers die Leistungsfähigkeit der Anlage nur um $^1/_8$ herabsetzt. Die Reparaturzeiten sind gering. Die Kolben können beispielsweise in zwei Stunden ausgewechselt werden.

Zur Zeit sind sowohl größere Generatoren über 1000 PS als auch Kleinanlagen für ortsbewegliche Antriebe bis 200 PS für Fahrzeuge in der Planung.

B. Vergleich einer Frischgasturbine mit einer Freikolbenturbine[1])

Die Freikolbenturbine dürfte eine beachtliche Neukonstruktion sein, deren Konkurrenzfähigkeit nicht zu unterschätzen ist. Bei einem Vergleich mit einer Frischgasturbine mit einer Nutzleistung von 1000 PS ergibt sich zum Beispiel folgendes (Abb. 35).

Der Unterschied beider Verfahren liegt darin, daß das Treibgas in einer Gasturbine in dem einen Falle A durch eine Turbomaschine, im anderen Falle B durch eine Kolbenmaschine erzeugt wird. Nur mit Turbomaschinen zu arbeiten, erscheint zunächst als Vorteil. Doch muß er erkauft werden:

1. durch höhere Gaseintrittstemperatur an der Turbine,

2. durch höheren Brennstoffverbrauch.

„Der Dieselzylinder des Freikolbengenerators arbeitet unter besonders günstigen thermodynamischen Bedingungen, da er die zur Energieerzeugung nutzbare Expansion bereits bei sehr hoher Temperatur und sehr hohem Druck beginnen läßt. In der Frischgas-Turboanlage dagegen muß man die heißen Verbrennungsgase in der Brennkammer mit der verdichteten Luft so weit senken, daß man sie der Gasturbine noch zumuten kann."

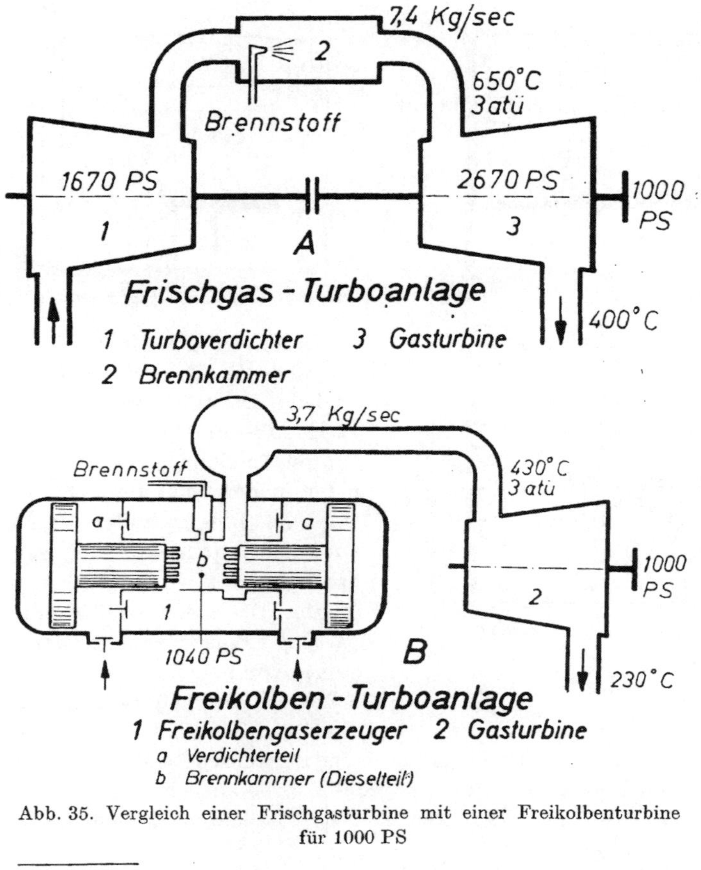

Abb. 35. Vergleich einer Frischgasturbine mit einer Freikolbenturbine für 1000 PS

[1]) Nach Modag, Die Freikolben-Turboanlage als neuer Kraftanlagentyp für Schiffahrt und Industrie. Motortechnische Zeitschrift (1957) H. 4.

„Daher nützt die Freikolben-Turboanlage ein oberes Wärmegefälle zur Gewinnung der Verdichtungsarbeit im Gaserzeuger und ein unteres zur Gewinnung der Nutzarbeit in der Gasturbine aus. Die Frischgas-Turboanlage dagegen verwertet nur ein angehobenes unteres Wärmegefälle. Beide Arbeitsanteile werden in der Gasturbine erzeugt, die etwa $^2/_3$ ihrer Nutzleistung an den Kompressor abgibt."

„In Abb. 35 nutzt die Frischgas-Turboanlage ein Gefälle von 650° C auf 400° C aus und erreicht einen Gesamtwirkungsgrad von rd. 20%. Heizt man die Luft vor der Brennkammer noch durch die Abgase der Turbine auf, so daß man ein Gefälle von 780° C auf 500° C verarbeiten kann, so kann man 26% erzielen. Bei einem Brennstoff mit 10000 kcal/kg entspricht das einem Verbrauch von 245 g/PSh."

„In der Freikolbenanlage dagegen wird im Dieselzylinder ein Gefälle von 1600° C auf 900° C bei der Expansion ausgenutzt. Die abströmenden Verbrennungsgase vermischen sich dann mit der aus dem Verdichter nachströmenden Luft. Mit 430° C tritt das Gemisch in die Gasturbine ein, die ein Temperaturgefälle bis auf 230° C verwertet. Der Gesamtwirkungsgrad der Anlage liegt bei 35%. Das entspricht einem Verbrauch von 180 g/PSh ohne Schmieröl.

Diese Verbräuche sind für kleine Anlagen sehr günstig."

In welcher Größenordnung man Freikolbenanlagen bauen wird und kann, ist zur Zeit noch ungeklärt. Die Modag, Darmstadt, rechnet jetzt mit etwa 10000 kW.

C. Die Freikolbenanlage im Heizkraftwerk

Freikolbengeneratoren können ohne weiteres als Grundlastmaschinen betrieben werden. Sowohl das Kühlwasser als auch die Abgase können daher zur Fernwärmeversorgung herangezogen werden, wie dies auch Abb. 33 zeigt. Mehrere Projekte dieser Art liegen vor.

V. KOMBINIERTE HEIZKRAFTWERKE

A. Mit klassischen Wärmequellen

1. Einführung

Die Kombinationsmöglichkeiten von Dampfkraftanlagen mit Gasturbinen in offener und geschlossener Bauweise sowie mit Freikolbengeneratoren sind recht zahlreich und dürften alle in den Konstruktionsbüros mehr oder weniger schon durchgerechnet worden sein. Einige dieser Anlagen sind aber verwirklicht worden oder befinden sich im Bau oder sind in der Projektierung. Über diese soll hier berichtet werden.

2. Heizkraftwerke mit Dampf- und Luftturbinen

Bei dem Bau eines neuen Heizkraftwerkes für eine süddeutsche Mittelstadt, die bisher weder über ein Kraftwerk noch eine Fernwärmeversorgung verfügte, mußte bei der Planung auf eine möglichst große Sicherheit der Energie-, vor allem der Wärmeversorgung, Wert gelegt werden. Da zunächst einige öffentliche Betriebe und Anstalten, besonders aber ein großes Krankenhaus in Kürze Wärme benötigten, wurde zunächst mit der Fernwärmeversorgung begonnen und diese aus zwei Kesseln von 43 atü, 450° C geliefert. Später soll gegebenenfalls eine Dampfturbine von 3,5 bis 5,5 MW Leistung dazwischengeschaltet werden. Für die primäre Stromerzeugung ist eine Heißluftturbinenanlage mit einer Leistung von 6 MW vorgesehen. Die Abwärme der Kompressoren wird in der schon früher geschilderten Weise zur Aufwärmung des Heizwassernetzes herangezogen (Abb. 36).

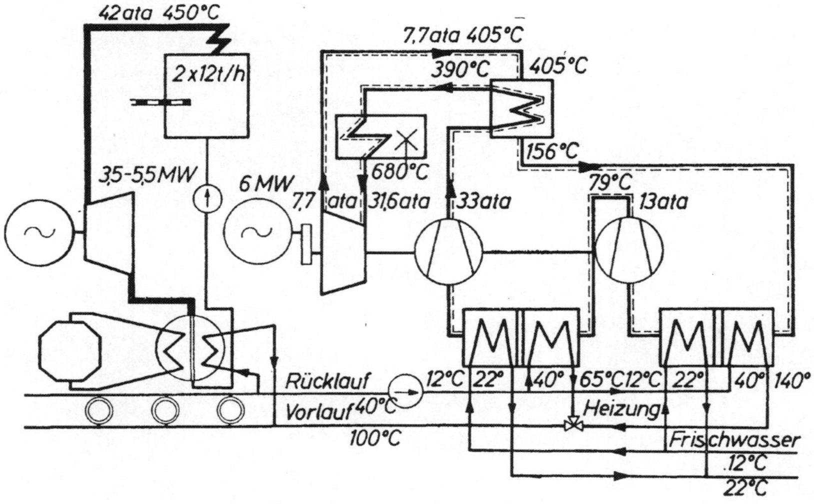

Abb. 36. Heizkraftwerk mit Dampf- und Luftturbinen

Bei Störungen in der Luftturbinengruppe selbst steht außer der vorhandenen Strombezugsmöglichkeit, die nicht aufgegeben werden soll, später die Dampfturbine zur Verfügung, die in der Abbildung mit Doppelkondensatoren ausgestattet ist. Fällt die Wärmeversorgung durch die Heißluftturbine aus, so wird diese aus den Dampfkesseln entweder über die Dampfturbine oder gegebenenfalls mit reduziertem Frischdampf geliefert. In Zeiten der Höchstlast können auch beide Anlagen gleichzeitig eingesetzt werden.

3. Heizkraftwerke mit Heißluft-, Dampf- und offener Gasturbine

Bei einem weiteren Projekt der öffentlichen Versorgung ist außer der Kombination Dampf- und Heißluftturbine noch als dritte Einheit eine Gasturbine vorgesehen (Abb. 37).

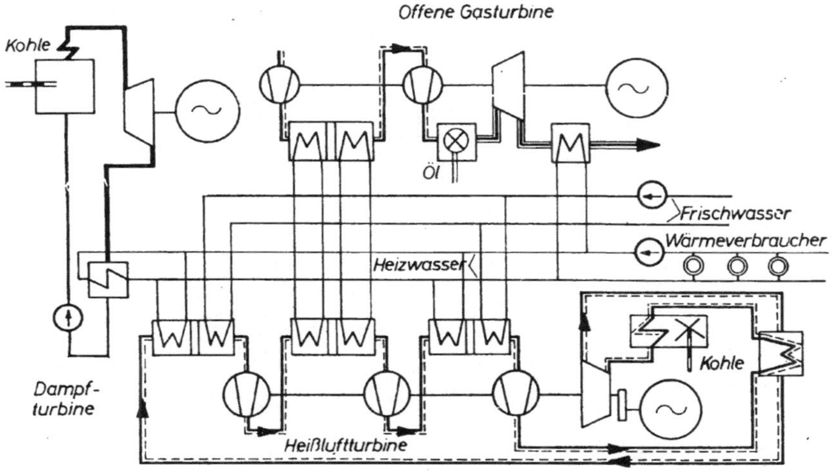

Abb. 37. Heizkraftwerk mit Heißluft-, Dampf- und offener Gasturbine

Hier dient die Gasturbine als Momentanreserve bei Ausfall der Luftturbine, um die Stromversorgung aufrecht erhalten zu können.

Zur Zeit ist die Fernwärmeversorgung im Bau und die Kesselanlage in der Projektierung. In Anbetracht der für die ersten Ausbaustufen noch geringen Wärmeleistung wird die Dampfturbine vorerst durch einen Dampfmotor ersetzt.

4. Heizkraftwerke mit Dampfkessel und mit vorgeschalteter Gasturbine

Bammert[1]) behandelte in seinem Vortrag in Karlsruhe diesen Fall an erster Stelle. „Hier ist die Kopplung von Wärme und Kraft dadurch gegeben, daß mit der Gasturbine elektrische Energie und in dem von den Turbinenabgasen mitbeheizten Kessel Dampf erzeugt wird. Nach Abb. 38 wird dieser Dampf noch einer Gegendruckturbine zugeführt, so daß die Gasturbine und die Gegendruckturbine die mechanische Energie und der Gegendruckdampf die Heizenergie stellen. Der Verdichter der Gasturbinenanlage kann auch mit Zwischenkühlern ausgestattet werden, die man sowohl zur Fernwärmeversorgung als auch zur Speisewasservorwärmung heranziehen kann."

[1]) Heizkrafttagung, Karlsruhe am 29. und 30. 10. 1956.

„Ferner kann die Anlage so gebaut werden, daß wahlweise ein Wärmetauscher ganz oder teilweise zugeschaltet wird, je nachdem, wie man die Dampfseite betreiben will.[1]) Eine weitere Vervollkommnung dieser Kombination wird durch Zwischenerhitzung in der Gasturbine angestrebt.[2]) Aber auch die Zwischenerhitzung bei der Dampfturbine mit den heißen Abgasen der Gasturbine, bevor sie in die Kesselfeuerung eintreten, wird ernsthaft erwogen."[3])

BAMMERT diskutiert dann auch, die Brennkammer der Gasturbine, die mit Öl oder Gas betrieben werden muß, herauszulösen und das Arbeitsmittel, die Luft, in dem Lufterhitzer einer Heißluftturbine zu erhitzen, die dann in einem offenen Kreislauf arbeiten würde. Auf diese Weise können für die gesamte Anlage feste Brennstoffe verwendet werden. Der Lufterhitzer kann dabei für sich oder als Bestandteil des Dampfkessels gebaut werden.[4])

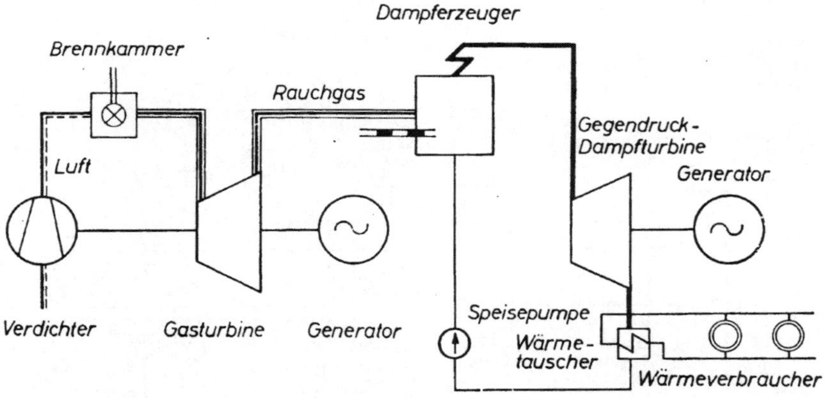

Abb. 38. Schema einer Dampfanlage mit vorgeschalteter Gasturbine

Die aus der Heißluftturbine austretende Luft dient als Verbrennungsluft für den Dampfkessel. Nach den Untersuchungen der genannten Autoren können die Leistungen der Gegendruckturbine und der Heißluftturbine etwa gleich groß sein.

Die Vorteile dieser Kombination sind in folgendem zu erblicken:

1. Verbesserung der gesamtthermischen Ausnutzung.
2. Gas- bzw. Luft- und Dampfturbine können auch für sich allein laufen.
3. Durch das Vorschalten von Gas- und Luftturbinen kann die Anlage beim Anfahren aus dem kalten Zustand schneller eine Leistung abgeben.
4. Teillasten können dadurch schneller gefahren werden.

Die technischen und wirtschaftlichen Möglichkeiten dieser Entwicklung haben dazu beigetragen, daß sich neuerdings auch Firmen mit dem Bau von Gasturbinen befassen, die sich vorher auf diesem Gebiete nicht betätigt haben.

---

[1]) KARRER, W., Gasturbinen und ihre Anwendungsgebiete, Stahl und Eisen 72 (1952) S. 885/892.

[2]) PAUKER, F., Neue Vorschläge zu dem Gas-Dampf-Verfahren, Bericht 28 G 1/6 der V. Weltkraftkonferenz, Wien 1956.

[3]) KARRER, W., The gasturbine as a mean of securing additional output of power, Bericht von der Brennstoffwirtschaftskonferenz, Den Haag 1947.

[4]) KARRER, W., Dampf-Luft-Anlage für gleichzeitige Erzeugung mechanischer Energie und Wärme, Bull. Oerlikon Nr. 257.

5. Heizkraftwerke mit Dampfkessel und mit nachgeschalteter Gasturbine

Diese Schaltung ist unter dem Namen „Velox-Kessel“ bekannt geworden (Abb. 39). Hier wird die Verbrennung in einem Dampfkessel unter Druck durchgeführt. Der Druck wird hierbei aus einem Verdichter geliefert. Die Verbrennungsgase treiben die Gasturbine, die zuweilen so bemessen ist, daß sie nur die Kompressionsarbeit aufbringt. Dies ist zum Beispiel bei der Schaltung der Abb. 39 der Fall, bei der die Rauchgase stark abgekühlt werden. Da Verdichter und Turbine etwa mit gleichen Luftgewichtsmengen und Druckverhältnissen arbeiten, kann aber auch infolge der sehr unterschiedlichen Eintrittstemperaturen schon bei der Gasturbine eine beachtliche Nutzleistung verbleiben.[1][2][3][4]

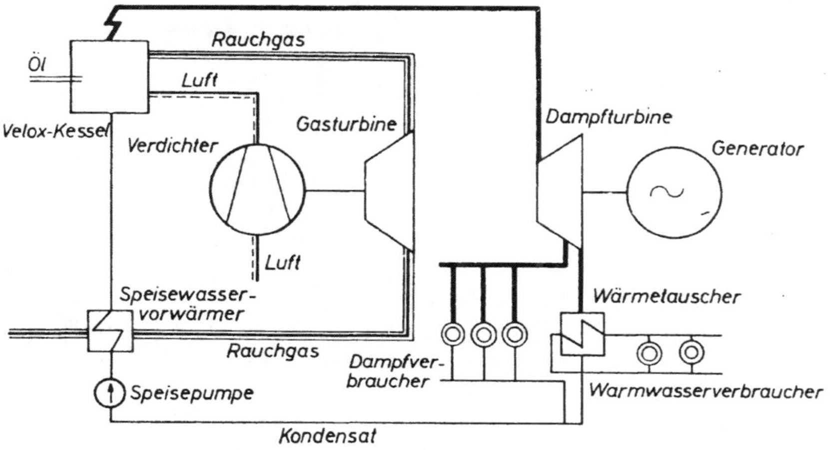

Abb. 39. Schema einer Dampfanlage mit nachgeschalteter Gasturbine (Veloxkessel)

Der aus dem Dampfkessel austretende überhitzte Dampf kann entweder als solcher an Verbraucher weitergeleitet oder in einer Dampfturbine entspannt werden. In Abb. 39 ist eine Schaltung wiedergegeben, bei der in einer Anzapfstufe Dampf für Dampfverbraucher und im Gegendruck Wärme für Warmwasserverbraucher entnommen wird.

Die Vorzüge dieser Anlagen, von denen 1952 über 100 in Europa in Betrieb waren, liegen in den durch die Druckfeuerung bedingten hohen Wärmeaustauschleistungen der Heizflächen, der hohen möglichen Brennraumbelastung und der raschen Betriebsbereitschaft infolge der relativ kleinen Massen.

Die in Westdeutschland bei Kriegsende vorhandenen drei Velox-Anlagen in Hüttenwerken wurden alle demontiert. Die Betriebsergebnisse dieser mit Gichtgas betriebenen Anlagen waren ausgezeichnet. Vor allem zeichnete sie ihre schnelle Einsatzbereitschaft aus.

6. Heizkraftwerke mit dem halbgeschlossenen Gasturbinenprozeß von Sulzer

Auch diesen Prozeß muß man zu den kombinierten rechnen. In ihm sind Bestandteile des Luft- wie des Gasturbinenprozesses enthalten. Er ist gleichfalls für die Heizkraftkupplung geeignet und bietet sogar besonders viele Möglichkeiten. Aber hier gilt der Grundsatz, daß die

[1] Bammert, K., Heizkrafttagung, Karlsruhe, 29. und 30. 10. 56.
[2] White, A. O., The place of the gasturbines in electric power generation, Combustion, 27, 49/56 (1955/56).
[3] Kruschik, Die Gasturbine, Verlag Springer 1952, S. 320.
[4] Stodola, Leistungs- und Regelungsversuche an einem Velox-Dampferzeuger, ZVDI 79 (1935) S. 429/436.

Technik der Heizkraftwirtschaft bei Gasturbinen zunächst die Technik der Gasturbinen selbst zur Voraussetzung hat.[1])

Um einen hohen Wirkungsgrad bei erträglichen Anschaffungs- und geringen Wartungskosten mit kleinen Abmessungen und geringem Gewicht zu erreichen, haben ausgedehnte Untersuchungen der Firma Gebrüder Sulzer AG, Winterthur/Schweiz, zur Hochdruckgasturbine mit halbgeschlossenem Kreislauf geführt. Die Sulzer-Gasturbine war nach den in sie gesetzten Erwartungen für Leistungen von 6000 PS aufwärts geeignet.

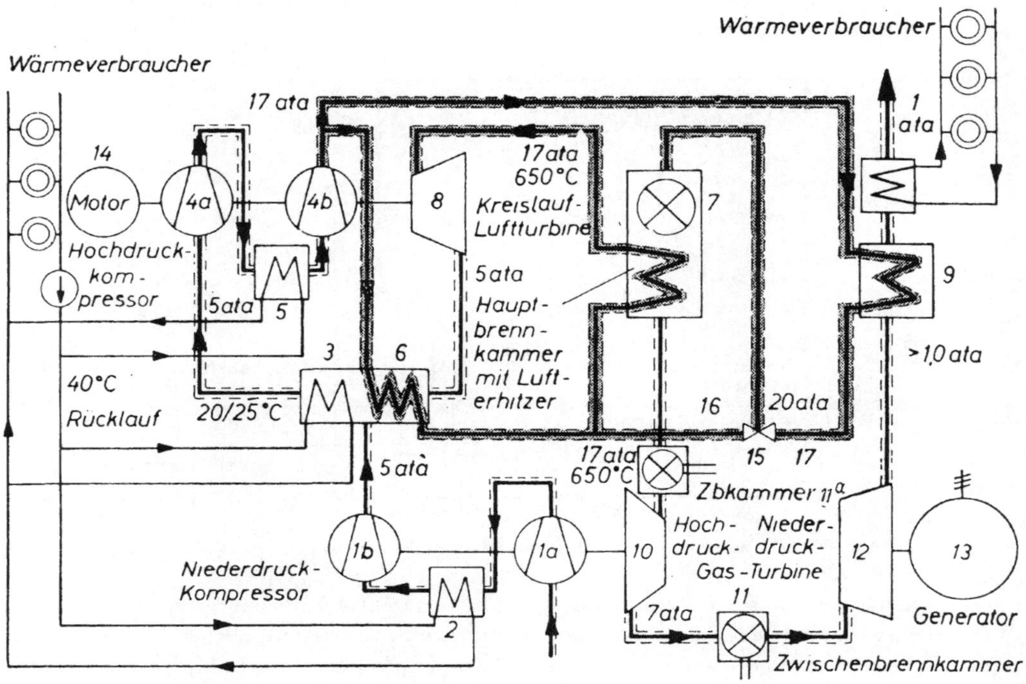

Abb. 40. Fernwärmeversorgung aus einer 20000-kW-Sulzer-Anlage mit halbgeschlossenem Kreislauf (Entwickelt aus der 7500-PS-Anlage von Sulzer)

Um bei kleinen Dimensionen hohe Wirkungsgrade zu erreichen, mußte man zu Drücken von 14 bis 28 Atmosphären übergehen. Da bei der einfachen offenen Gasturbine der beste Wirkungsgrad bei einem Druckverhältnis von 3 bis 5:1 erreicht wird, ist diese Schaltung nicht für hohe Drücke geeignet. Der geschlossene Kreislauf ist aber für hohe Drücke gut anwendbar, doch hat er gegenüber dem offenen Prozeß den Nachteil des Lufterhitzers, der den Anlagewirkungsgrad herunterdrückt. Wenn zum Beispiel der Kreislauf selbst einen Wirkungsgrad von 36% hat und der Lufterhitzer einen solchen von 90%, dann ist der Gesamtwirkungsgrad der Anlage 32%.

Offene Anlagen können ebensolche Wirkungsgrade erreichen wie der geschlossene Kreisprozeß, zumal bei einer offenen Gasturbine der Wirkungsgrad des Lufterhitzers entfällt. Aber so hohe Wirkungsgrade sind nicht mit einer einfachen, sondern nur mit einer mehrstufigen Anlage zu verwirklichen. Dadurch wird auch der spezifische Luftverbrauch herabgedrückt,

[1]) Die folgenden Ausführungen sind zum Teil dem Buche von KRUSCHIK, Die Gasturbine, Verlag Springer 1952, S. 300ff. entnommen.

bleibt jedoch immer relativ hoch, und der Niederdruckteil der Anlage muß große Luftvolumina mit ungefähr Atmosphärendruck verarbeiten. Dazu kommt noch, daß die Druckverluste im Niederdruckteil besonders klein gehalten werden müssen, um einen hohen Wirkungsgrad zu erreichen. Dies führt zu großen Abmessungen der Leitungen, Wärmetauscher usw., ein Nachteil, der beim geschlossenen Prozeß vermieden wird.

Diese Überlegungen führten zur Untersuchung der Möglichkeit, einen Kreislauf zu finden, bei dem die Volumina viel kleiner im Niederdruckteil sind als beim offenen Verfahren und der gleichzeitig mit hohen Drücken arbeiten kann. Das Resultat dieser Arbeiten ist das in der folgenden Abb. 40 gezeigte Kreislaufschema. Dieses Schema wurde auch durch Heizkreisläufe ergänzt. Dabei wurden die einzelnen Stufen der Verdichter, soweit sie durch Zwischenkühler getrennt sind, durch die Buchstaben a und b gekennzeichnet.

Die Schaltung besteht im wesentlichen aus einem geschlossenen und einem offenen Kreislauf. Der Vorteil ist die kleine Luftmenge, die aus der Atmosphäre angesaugt werden muß, und die nur kleinen Gasvolumina, die im Niederdruckteil verarbeitet werden. Der Kühlwasserbedarf einer solchen Anlage ist weniger als ein Viertel von dem einer Dampfanlage gleicher Leistung.

Die Arbeitsweise des Prozesses geht aus Abb. 40 hervor.[1])

Man hatte einen thermodynamischen Wirkungsgrad von 35% erwartet, entsprechend einem Brennstoffverbrauch von 180 g/PSh von dieser Anlage. Für diesen Verbrauch wurde angenommen, daß die maximale Schaufeltemperatur 680°C nicht überschreitet. Ähnliche Wirkungsgrade können natürlich auch mit offenen Anlagen erreicht werden, doch auch nur mit komplizierten Schaltungen. Die Sulzer-Schaltung hatte den Vorteil, daß der Niederdruckteil der Anlage ein viel kleineres Volumen verarbeiten muß, als dies bei der offenen Anlage der Fall ist. Dadurch braucht man nur Leitungen kleinen Querschnitts, und die Wärmeaustauscher erhalten erträgliche Abmessungen. Außerdem sind die Druckverluste im Niederdruckteil von kleinerem Einfluß auf den Gesamtwirkungsgrad, da nur ein kleiner Teil des gesamten Luft-

---

[1]) Ein Niederdruckkompressor (*1*) saugt die Luft aus der Umgebung an und verdichtet diese in zwei hintereinandergeschalteten Axialmaschinen (*1a* und *1b*) mit einer Zwischenkühlung (*2*) auf 5 ata. Die Luft geht hernach durch den Kühler (*3*), der gleichzeitig der Vorkühler für den geschlossenen Kreislauf ist, zum Hochdruckkompressor (*4*), wo sie in weiteren zwei hintereinandergeschalteten Axialverdichtern (*4a* und *4b*) mit einer Zwischenkühlung (*5*) auf 17 ata gebracht wird. Die aus dem Hochdruckkompressor (*4b*) austretende Luft wird in zwei Teile geteilt.

Der erste Teil fließt durch den Wärmetauscher (*6*), wird dort erwärmt und strömt zum Lufterhitzer (*7*), wo die Luft auf die Turbineneintrittstemperatur von 650°C erhitzt wird. Die heiße Luft gelangt sodann mit etwa 17 ata zur Hochdruckkreislaufturbine (*8*) (in der Abbildung Kreislaufluftturbine), die den Hochdruckkompressor (*4*) treibt. Nach Durchgang durch die Turbine ist die Luft auf etwa 5 ata entspannt, strömt durch den Wärmetauscher (*6*), wo sie ihre Restwärme abgibt, und mischt sich hernach mit der frisch angesaugten Luft aus dem Kompressor (*1b*), wird im Kühler (*3*) auf 20 bis 25°C gekühlt (abhängig von der Kühlerwassertemperatur) und gelangt wieder in den Hochdruckkompressor (*4a*).

Der zweite Teil der Luft aus dem Hochdruckkompressor (*4b*) fließt zum Wärmeaustauscher (*9*), wird dort erwärmt und zur Hauptbrennkammer mit ihrem Lufterhitzer (*7*) geleitet. Etwa 50% der vom Brennöl abgegebenen Wärme wird den Brenngasen durch den Lufterhitzer entzogen. Nach dem Erhitzen strömen die Gase mit etwa 17 ata und 650°C nach Passieren einer Zwischenerhitzungsbrennkammer (*11a*) zur Hochdruckturbine (*10*), werden dort auf ungefähr 6,8 ata entspannt, anschließend in einer weiteren Zwischenbrennkammer (*11*) auf eine Temperatur gebracht, die für die Schaufeln der Niederdruckturbine (*12*) zuträglich ist und hernach in der Turbine (*12*) entspannt. Die Auspuffgase gehen mit einem wenig über dem atmosphärischen liegenden Druck in den Wärmeaustauscher (*9*) und dann ins Freie. Das Volumen der Auspuffgase dieses Kreislaufs ist natürlich viel kleiner als beim offenen Prozeß mit derselben Leistung.

Beide Kreisläufe sind durch eine Leitung (*15*), die die beiden Ventile (*16* und *17*) enthält, verbunden. Mittels dieser Ventile kann der Luftzufluß von den beiden Wärmetauschern (*6* und *9*) zur Brennkammer (*7*) geregelt werden und somit unter allen Lastbedingungen der beste Wirkungsgrad gehalten werden. Das Luftmengenverhältnis der beiden Turbinen (*8* und *10*) ist ungefähr 55 zu 45%.

volumens dort hindurchströmt. Infolgedessen müssen nicht nur kleinere Luftmengen angesaugt und ausgeblasen werden, sondern es können auch höhere Geschwindigkeiten in den Leitungen zugelassen werden. Dies ist sehr bedeutungsvoll im Hinblick auf den einzigen Niederdruckwärmeaustauscher in der Anlage, nämlich den, der im Schema der Abb. 40 mit 9 bezeichnet ist. Der Wärmetauscher 6 arbeitet hingegen mit hohem Druck auf beiden Seiten, so daß hohe Wärmedurchgangszahlen erreicht werden und trotz Übertragung großer Wärmemengen der Wärmetauscher in den Ausmessungen klein bleibt. Damit wird der Wirkungsgrad der Gesamtanlage heraufgesetzt.

Besonders beachtet muß aber werden, daß auch im Lufterhitzer 7 auf beiden Rohrseiten gleicher Druck herrscht, nämlich der maximale Druck der Anlage. Hierdurch werden einerseits außerordentliche gute Wärmedurchgangszahlen und damit kleine Abmessungen und andererseits kleine Druckbeanspruchungen der Rohre erreicht. Dies ist hier besonders bedeutungsvoll, da in diesen die höchste Temperatur der ganzen Anlage herrscht. Hierin liegt ein besonderer Vorteil dieser Schaltung im Vergleich zum geschlossenen Kreisprozeß, bei dem im Lufterhitzer die Rohre Druckbeanspruchungen aushalten müssen. Außerdem hat der Lufterhitzer beim Sulzer-Verfahren sehr kleine Abmessungen.

Die Firma Sulzer hatte nach diesem theoretisch hervorragend ausgeklügelten Verfahren eine Anlage mit 20 MW Leistung für das Kraftwerk Weinfelden der Nordostschweizerischen Kraftwerke gebaut. Bei Vollast wurden Wirkungsgrade von 32%, bei Halblast noch von 28% gemessen.

Beim Übergang auf Schweröl „zeigten sich jedoch überraschenderweise Schwierigkeiten in einem bisher ungekannten Ausmaße, indem eine außerordentlich starke Verschmutzung der Turbinenschaufelung, verbunden mit korrosiven Angriffen, auftrat und damit ein Leistungs- und Wirkungsgradabfall, welcher Reinigungen der Turbinen in sehr kurzen Zeitabständen notwendig machte".[1] Dies lag daran, daß der halbgeschlossene Gasturbinenprozeß nur mit der Hälfte des Luftüberschusses des offenen Prozesses arbeitet und daß die Volumenkonzentration der in den Verbrennungsgasen enthaltenen Rückstände im halbgeschlossenen Prozeß zehnmal so groß ist wie beim offenen, wodurch Verschmutzungen und Korrosionen außerordentlich begünstigt wurden. Brennstoffbeimischungen ergaben zwar für die Turbinen gute Resultate, aber nicht für die Brennkammer und Lufterhitzer, wo besonders hohe Temperaturen herrschten. Sulzer hat daraufhin die Anlage in eine offene umgebaut.

Trotz alledem ist zu erwarten, daß damit das letzte Wort über diesen Kreislauf, der zweifellos Vorzüge aufweist, noch nicht gesprochen ist. Die unangenehmen Erscheinungen, die bei der Verwendung von schwerem Heizöl auftreten, dürften bei besseren Ölqualitäten geringer werden, bei Erdgasverwendung werden sie wahrscheinlich durchaus erträglich sein.[2][3]

7. Heizkraftwerk in Verbindung mit Gasentspannungsturbinen

Die Gewinnung von Erdgas unter hohen Drücken sowie die dauernd steigenden Drücke in den Fernleitungen der Gasversorgung, die bis auf 50 Atmosphären ansteigen, haben zur Entwicklung von Turbinen geführt, diese potentielle Energie nutzbar zu machen und nicht ein-

---

[1] Sulzer-Gasturbinen, Entwicklung und Betriebserfahrungen, Sonderdruck aus „Motortechnische Zeitschrift" (1957) 6, S. 180/183.

[2] Der Vollständigkeit halber mag noch erwähnt werden, daß die von Musil angegebene Schaltung des Sulzer-Prozesses zwar recht instruktiv, aber nach Auskunft von Sulzer niemals angewendet worden ist (Musil, Gasturbinenkraftwerke, Verlag Springer 1947, S. 17). Nach Musil wird die Zweiteilung des Kreislaufes hinter der Heißluftturbine vorgenommen, nach Sulzer aber nach dem Hochdruckverdichter.

[3] Nach Informationen des Verfassers sollen auch die Schwierigkeiten der Regelung nicht zu überwinden gewesen sein.

fach, wie bisher, das Gas in Reduziereinrichtungen auf den Gebrauchsdruck zu entspannen. Von verschiedenen Seiten ist der Versuch gemacht worden, durch Zwischenschaltung von Turbinen oder Kolbenmaschinen dieses Druckgefälle für die Energieerzeugung nutzbar zu machen.[1] [2]

Da die Drosselung des Gefälles durch eine Turbine zu einer möglicherweise zu niedrigen Temperatur und gegebenenfalls zu einer Vereisung führen würde, ist von verschiedenen Konstrukteuren vorgeschlagen worden, das Gas zunächst so zu überhitzen, daß ein möglichst

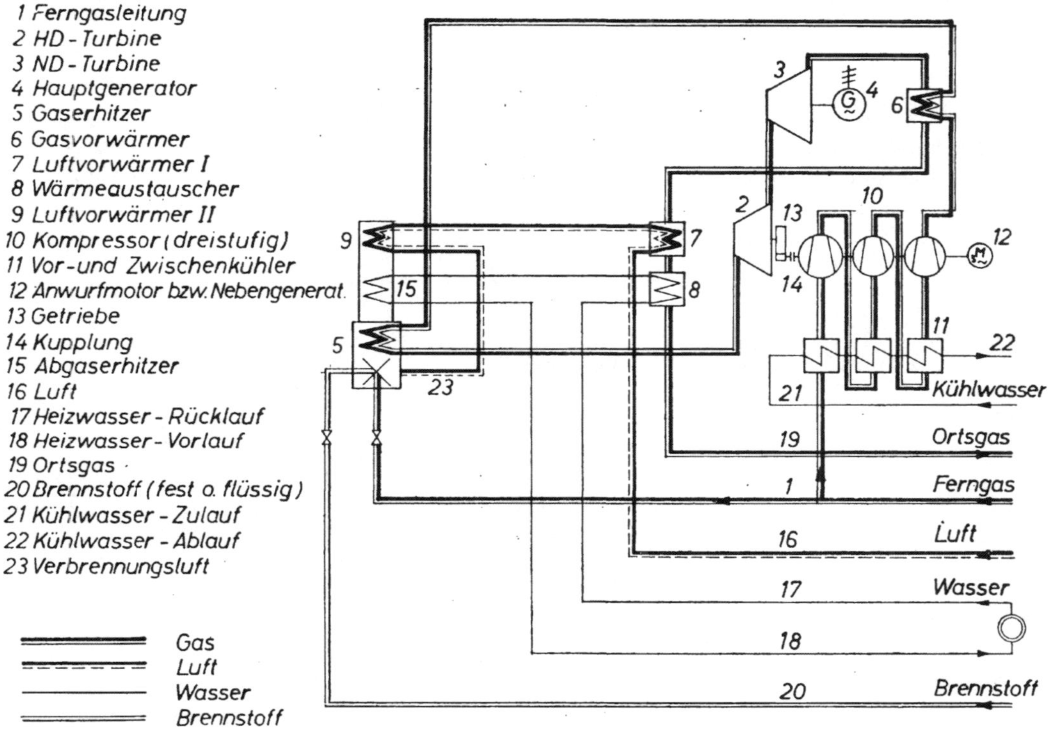

Abb. 41. Energiegewinnung aus einem Ferngasnetz in einer Gasentspannungsturbine nach Zwischenkompression und Erhitzung in Verbindung mit Wärmeübertragungseinrichtungen

günstiges Wärmegefälle entsteht. Unter Umständen ist es zweckmäßig — wie der Verfasser mit einer deutschen Großfirma untersucht hat —, das Gas noch zusätzlich zu verdichten, insbesondere dann, wenn, was die Regel ist, der Druck in der Fernleitung stark schwankt. Das Prinzip geht aus Abb. 41 hervor.[3]

Die hier gezeigte Schaltung zeigt so ziemlich das Maximum der möglichen Kombinationen. Eine Anlage dieser Art wurde zum Beispiel im italienischen Kraftwerk Tavazzano eingebaut, wobei auf die Kompression verzichtet wurde.

[1]) Gosebruch, Der wirtschaftliche Wert der Gasfernversorgung und ihre Verbindung mit der Elektrizitätsversorgung, Elektrotechnische Zeitschrift (1928) S. 1465.

[2]) Wunsch, DBP, Nr. 499897 vom 15. 7. 1950.

[3]) Das aus dem Ferngasnetz beziehungsweise aus dem Erdgasfeld kommende Gas (*1*) wird in einem mehrstufigen Kompressor (*10*) verdichtet bzw. in den Kühlern (*11*) gekühlt, durchströmt den Gasvorwärmer (*6*) und tritt dann in den Gaserhitzer (*5*) ein, durchströmt die Hochdruckturbine (*2*), die über ein Getriebe (*13*) und Kupplung (*14*) den Kompressor (*10*) antreibt, geht dann in die Niederdruckturbine (*3*), auf deren Welle der

Obgleich das Gas durch diese Schaltungen in keiner Weise verändert wird, solange die Erhitzung nicht zu weit getrieben wird, sind bisher in Europa derartige Anlagen noch nicht weiter errichtet worden, weil die an einer Stelle anfallenden Gasvolumina nicht groß und stetig genug sind, als daß sie den Bau einer solchen Anlage wirtschaftlich rechtfertigen würden.

Sofern man aber solche Anlagen, die im Belastungsschwerpunkt oder in der Nähe eines solchen entstehen sollten, errichtet, dann ist es auch logisch, nicht nur die in der Leitung (*18*) anfallende Wärme, sondern auch die in der Leitung (*22*) abgeführte Kompressorwärme für Fernwärmezwecke auszunutzen. Für eine dauernde und stetige Wärmelieferung werden sie allerdings kaum in Frage kommen.

8. *Heizkraftwerk mit Freikolbengeneratoren in Verbindung mit Dampfanlagen*

Nachdem sich das Velox-Kessel-Prinzip so bewährt hat, liegt es nahe, dieses auch durch Freikolbengeneratoren verwirklichen zu lassen (Abb. 42). Der Kompressor der Abb. 39 wird hier in Abb. 42 durch die Freikolbengeneratoren ersetzt (schematisch ist hier nur einer ge-

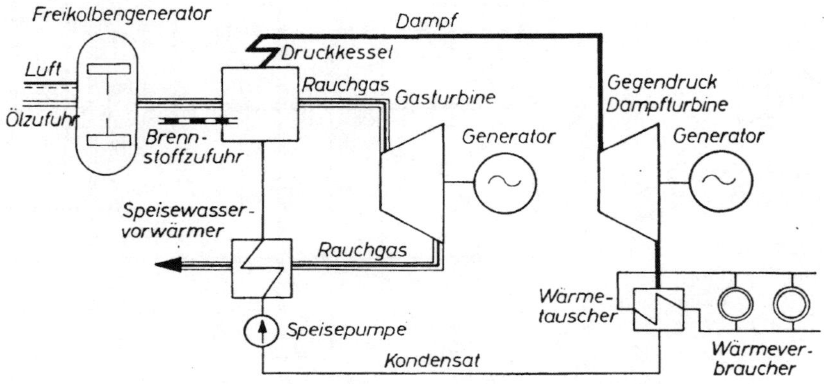

Abb. 42. Schema einer Freikolbengenerator-Anlage im Heizkraftwerk

zeichnet). Die Schaltung entspricht hier vollends der der Abb. 39, nur daß die Gasturbine auch Nutzleistung abgibt. Die früher angestellten Überlegungen treffen daher auch hier zu, nur mit der Maßgabe, daß der Freikolbengenerator-Dampfprozeß um so viel günstiger als der Gasturbinen-Dampfprozeß sein muß, als der Wirkungsgrad der Freikolbenanlage den der offenen Gasturbine übersteigt.

Aus diesen Überlegungen heraus ist auch von der S. E. M. E. eine Gas-Dampfanlage mit Freikolbengeneratoren für 25000 kW entwickelt worden (Abb. 43), bei der man auf einen

---

Hauptgenerator (*4*) sitzt, durchströmt jetzt wieder den Wärmetauscher (*6*), dann den Luftvorwärmer (*7*) und schließlich einen weiteren Wärmetauscher (*8*), der zur Warmwassererzeugung dient. Dann tritt es, auf die Gebrauchstemperatur abgekühlt, über die Leitung (*19*) in das Ortsgasnetz ein. Das für Heizzwecke benötigte Wasser (*17*) durchströmt den Wärmetauscher (*8*), dann den dem Gaserhitzer (*5*) nachgeschalteten Abgaserhitzer (*15*) und tritt dann über die Leitung (*18*) in das Fernwärmenetz. Je nach den Temperaturen, die man im Bereich (*15*) erzielt, kann man Dampf oder Warmwasser erreichen.

Die über (*16*) eintretende Luft wird zunächst im Luftvorwärmer I (*7*), dann im Luftvorwärmer II (*9*) auf eine möglichst hohe Temperatur gebracht und tritt anschließend in den Lufterhitzer (*5*) ein.

Dieser selbst wird entweder aus der Leitung (*1*) befeuert, die sowohl als Zündleitung als auch als Hauptbrennstoffleitung dienen kann, oder aber aus der Leitung (*20*), über die besondere Brennstoffe, zum Beispiel Öl und Kohle, zugeführt werden. Außerdem kann das Kompressorkühlwasser (*21, 22*) gleichfalls zur Fernheizung herangezogen werden, insbesondere, wenn man die Kühler noch in einen Heizungs- und Frischwasserteil unterteilt.

Gesamtwirkungsgrad von 33,8% zu kommen hofft.[1]) In die von der Modag angegebene Schaltung sind noch zusätzlich die Möglichkeiten zur Fernwärmeversorgung eingetragen. Das Kühlwasser der Freikolbengeneratoren wird hier zur Speisewasservorwärmung verwendet.

Die Modag geht bei dieser Schaltung von dem Gesichtspunkt aus, daß die hauptsächlichsten Verluste in den sauerstoffreichen Auspuffgasen (der Wärmewert dieser Verluste entspricht etwa 40% des verbrannten Brennstoffes) und in den Kühlflüssigkeiten der Gaserzeuger enthalten sind. (Der Wärmewert dieser Verluste stellt etwa 23% des verbrannten Brennstoffes dar.)

Die S. E. M. E. kombiniert hier eine Dampfturbine mit einer Leistung von 19000 kW mit einer Gasturbine von 6000 kW. Bei geringer Last arbeitet die Gasturbinenanlage mit ihrem

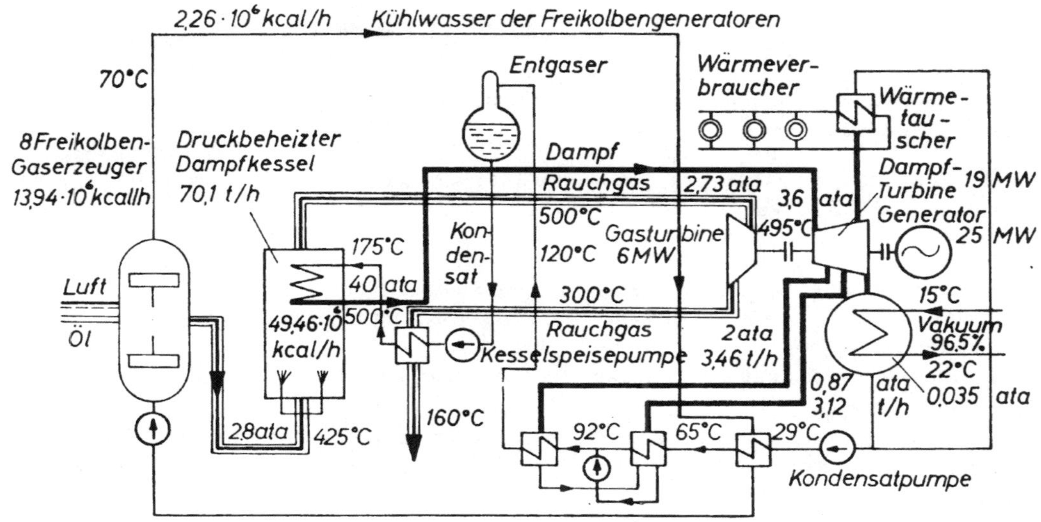

Abb. 43. Gas-Dampfanlage mit Freikolbengeneratoren für 25000 kW (nach Modag)

hohen Wirkungsgrad. Solange die Dampfturbine nicht arbeitet, kann das Kühlwasser der Freikolbengeneratoren zur Fernwärmelieferung eingesetzt werden. (In Abb. 43 nicht eingezeichnet.)

Bei steigender Last setzt die Dampfturbine ein. Die Gesamtbelastung der Gas- und Dampfturbine, die den Drehstromgenerator gemeinsam antreiben, erreicht maximal 25000 kW. Dabei liegt der Gesamtwirkungsgrad bei 33,8%, während die Dampfanlage allein nur 28,2% erreichen könnte.

Für die Dampfanlage ist ein Druck von 40 ata angenommen worden. Der Kessel steht unter dem Druck von 2,8 ata, den die aus dem Freikolbengenerator austretenden Treibgase haben. Diese bestehen zu 80% aus Luft. Ihre Temperatur beträgt 420°C. Im Dampfkessel sitzt eine wassergekühlte Brennkammer, die mit Schweröl beheizt wird. Die Verbrennungswärme heizt die Treibgase sehr hoch auf. Sie geben ihre Wärme an das Rohrsystem des Dampfkessels ab und verlassen ihn mit 500°C. Dabei haben sie noch ihren Druck von 2,8 ata und speisen die Gasturbine mit einer Vollastleistung von 6000 kW. Der Dampf geht mit 40 ata und 500°C in die Dampfturbine und leistet dort 19000 kW.

[1]) Nach Mitteilungen der Modag, Darmstadt 2/57 vom 8. 2. 1957.

Die Dampfturbine soll im Kondensationsbetrieb arbeiten. Das Kondensat geht als Speisewasser zum Dampfkessel zurück. Dieses wird dabei in der ersten Stufe durch das Kühlwasser der Gaserzeuger, in der zweiten und dritten durch Entnahmedampf und in der vierten Stufe durch die Abgase der Gasturbine, die mit 300° C in den Speisewasservorwärmer einströmen und ihn mit 160° C verlassen, aufgewärmt. Die Endtemperatur des Speisewassers ist dann 175° C.

Diese Anlage kann allerdings nur mit Öl betrieben werden.

Die Vorteile dieser Konstruktion sind folgende:

Wenn man den Freikolbengeneratoren-Prozeß einem Dampfprozeß vorschaltet, dann gewinnt man zurück:

1. die Gesamtheit der Verluste in den Auspuffgasen, die hier als Brennstoff dem Dampfkessel zugute kommen;
2. einen großen Teil der in den Kühlflüssigkeiten der Freikolbengeneratoren enthaltenen Wärme;
3. die zusätzliche Leistung, die sich aus der vermehrten Gasenergie durch den in dem Dampfkessel verbrannten Brennstoff ergibt.

Der Gesamtwirkungsgrad des Gas-Dampf-Prozesses, der auf diese Weise erhalten wird, hängt maßgeblich ab von:

1. dem Wirkungsgrad des Dampfprozesses allein,
2. der Eintrittstemperatur des Treibgases in die Gasturbine.

Die Anlage kann ohne Schwierigkeiten für eine Fernwärmeversorgung abgewandelt werden:

1. durch Anzapfung der Dampfturbine (Abb. 43),
2. durch Verwendung des Kühlwassers der Freikolbengeneratoren während des Stillstandes der Dampfanlage,
3. durch Abzweigung eines Teiles des Kühlwasserkreislaufes der Freikolbengeneratoren unter Verzicht auf die entsprechende Speisewasservorwärmung des Dampfprozesses und Inkaufnahme eines Leistungsabfalles,
4. durch Aufstellung eines Abgasekessels nach dem dritten Vorwärmer.

B. Heizkraftwerke mit nuklearen Wärmequellen

1. Einführung

Die letztlich behandelten Typen von Heizkraftwerken wiesen schon einige spekulative Züge auf. Immerhin setzten sie sich aus Bauelementen zusammen, die sich schon zum Teil bewährt hatten oder deren Entwicklungsmöglichkeiten man überschauen kann. Wenn man aber schon bei dieser Gelegenheit die Feststellung treffen mußte, daß beispielsweise die Technik von Heizkraftwerken mit Gas- und Luftturbinen die Technik der Gas- und Luftturbinen an sich zur Voraussetzung habe, so trifft das noch in weit höherem Maße von den Heizkraftwerken zu, die auf nuklearer Grundlage errichtet werden können.

Wir wollen, um die Spekulation nicht allzuweit zu treiben, uns dabei auf solche Kraftwerksmöglichkeiten beschränken, die auf dem Kernspaltungsprozeß beruhen, da das Kernverschmelzungsverfahren vorerst nicht realisierbar ist. An und für sich ist diese Einschränkung bedauerlich, denn für Heizkraftwerke auf Kernverschmelzungsgrundlage (thermonukleare Kraftwerke) würde das Problem der radioaktiven Verseuchung der Umwelt entfallen, so daß derartige Kraftwerke in den Wärme- und Stromschwerpunkt gestellt werden könnten.

Die gegenwärtig in der Entwicklung oder Erprobung befindlichen Kernkraftwerke, die auf der Kernspaltung beruhen, tragen nach dem heutigen Stand der Technik aber die Gefahr in sich, die Nachbarschaft durch radioaktive Stoffe verseuchen zu können. Man wird sie also stets entfernt von größeren Wohnsiedlungen aufstellen müssen, und damit wird die Fernwärmeversorgung zu einem Transportproblem. An und für sich ist das keine technische, sondern mehr eine wirtschaftliche Aufgabe. Daß sie technisch zu lösen ist, hat man in der UdSSR bewiesen, da Moskau mit Warmwasser u. a. über eine Doppelleitung, also mittels Vor- und Rücklauf, über eine Entfernung von 20 km und ohne Rücklauf über 50 km beliefert wird. Nach neuesten Meldungen soll sogar Dampf über 120 km Entfernung mit nur 12 vH Verlusten übertragen werden. Die *wirtschaftliche* Transportentfernung wird natürlich stets von den jeweiligen Umständen, insbesondere der Auslastung und den Verlusten der Leitung abhängen. Die folgenden Betrachtungen müssen daher von der Voraussetzung ausgehen, daß der Fernwärmetransport mit wirtschaftlich tragbaren Mitteln möglich ist.

2. *Nukleare Heizkraftwerke auf Dampfgrundlage*

Es kann hier nicht die Aufgabe sein, alle Möglichkeiten zu erörtern, die heute erwogen werden, um Dampfkraftwerke mit Kernreaktoren zu betreiben. Dazu sind die Varianten zu zahlreich. Das Grundschema eines Dampfturbinen-Kernkraftwerkes zeigt Abb. 44.[1])

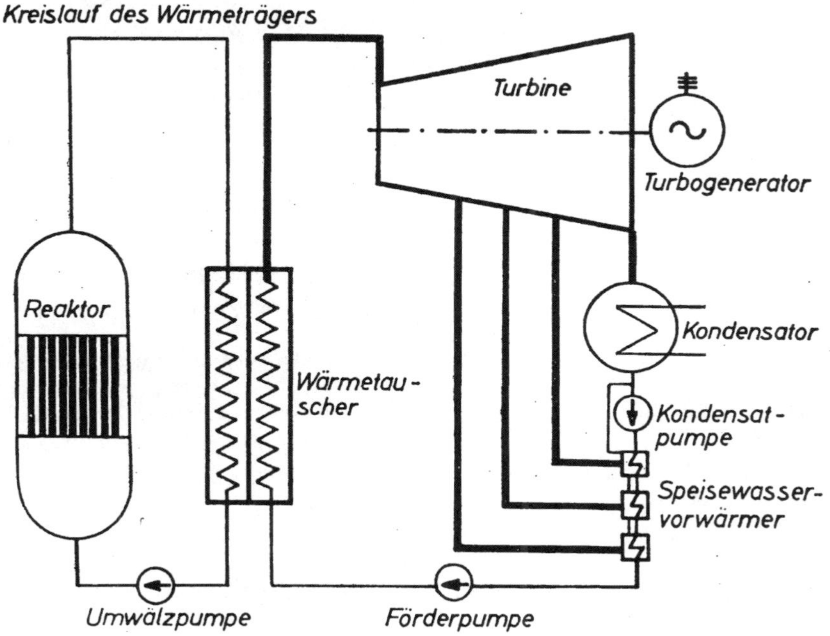

Abb. 44. Dampfturbinen-Kernkraftwerk

Die Wirkungsweise geht aus der Abbildung hervor. Das Werk hat getrennte Kreisläufe, obwohl heute schon Projekte bestehen, mit *einem* Kreislauf zu arbeiten und dann den gesamten Dampfkreislauf, also einschließlich der Turbinen, abzuschirmen.

---

[1]) Nach LUNDGREEN und SEIPPEL, BBC, London, Thermal Problems of Atomic Power Stations, aus Combustion, 28 (1957) 12, S. 51/58.

Bei der Erörterung der möglichen Heizkraftprojekte beschränken wir uns auf das sowjetische Projekt eines Kernkraftwerkes mit einer Leistung von 420 MW, das auf der 11. Teilkonferenz der Weltkraftkonferenz, Belgrad 1957, Abteilung B, 3. Bericht 8 bekanntgegeben wurde und das 1960 in Betrieb gehen soll (Abb. 45)[1].) Das geschilderte Schema wurde dann durch einen Heizkreislauf ergänzt.

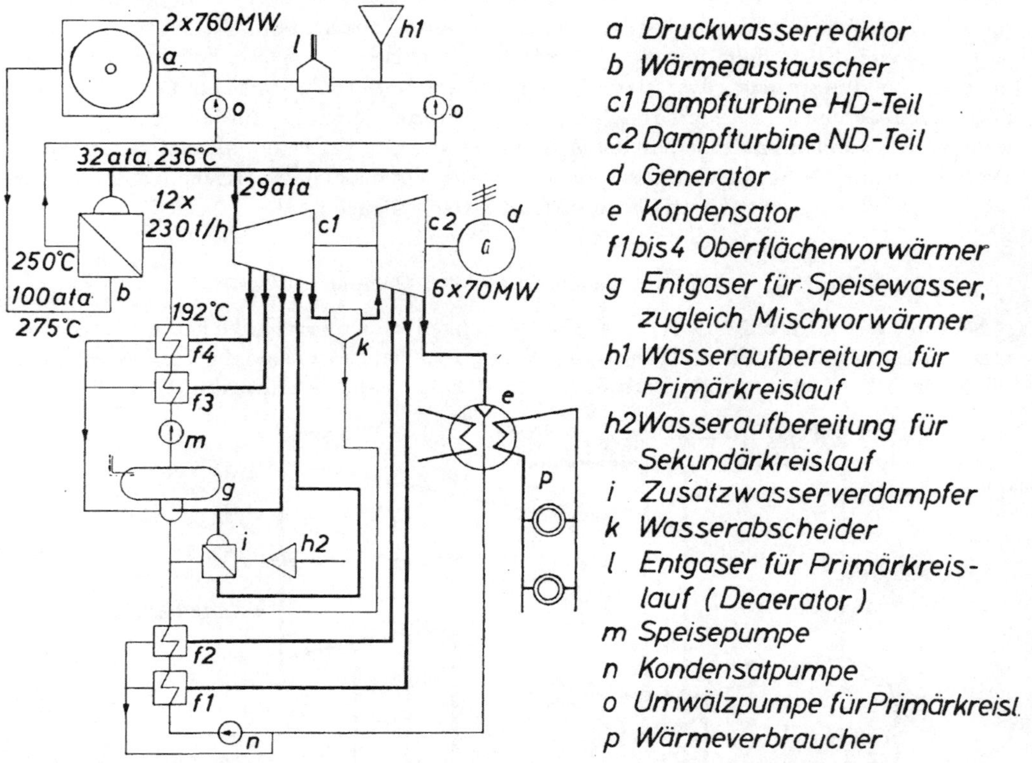

Abb. 45. Wärmegrundschaltplan für ein Kern-Heizkraftwerk mit Druckwasser-Reaktor (stark schematisiert)

Das Kraftwerk soll über 2 Reaktoren mit einer Wärmeleistung von je 760 MW, also insgesamt 1520 MW, verfügen. Es wird 12 Wärmetauscher und 6 Turbogeneratoren mit einer Leistung von je 70 MW besitzen. Der thermische Wirkungsgrad beträgt also 27,5% oder 3130 kcal/kWh.

Für die als Energiequelle dienenden 2 Druckwasser-Reaktoren wird gewöhnliches Wasser (H_2O) als Moderator und als Kühlwasser für die Spaltstoffstäbe benutzt. Die Reaktoren werden mit Uran beziehungsweise Urandioxyd (UO_2) in verschiedenen Kombinationen betrieben, wobei der Spaltstoff mit dem Uran Isotop 235 angereichert werden soll.

Im Primärkreislauf herrscht ein Druck von 100 ata. Der Reaktor, der einen Durchmesser von 3,8 m und eine Höhe von 12 m hat, muß daher von einem Druckmantel umgeben werden. Seine Wanddicke liegt zwischen 100 und 180 mm. In Höhe der aktiven Zone befindet sich ein biologischer Schutz für das Bedienungspersonal in Gestalt eines Umlaufwassertanks von 1 m und ein Betonmantel von 3 m Stärke.

[1]) Siehe auch: Das sowjetische Projekt eines Kernkraftwerkes mit einer Leistung von 420 MW, Energietechnik (1958) 3, S. 105.

Das Wasser wird im Reaktor auf 275° C gebracht und durchströmt, ohne zu sieden (bei 100 ata beträgt die Siedetemperatur 309,5° C), den Wärmetauscher. Im Sekundärkreislauf herrscht im Wärmetauscher ein Druck von 32 ata und eine Temperatur von 236° C. Der auf der Sekundärseite vorhandene Sattdampf treibt dann die Turbinen, die in dem Projekt der

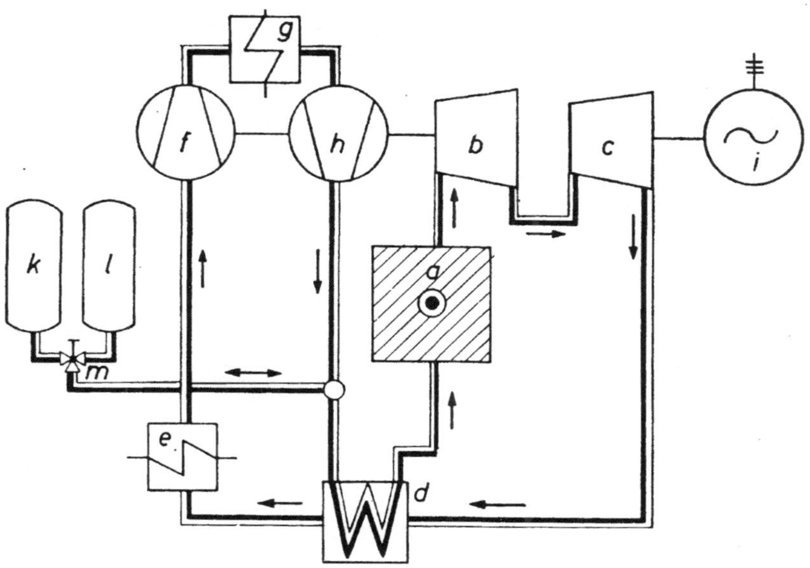

a	*Reaktor*	*g*	*Zwischenkühler*
b	*Hochdruck-Turbine*	*h*	*Hochdruck-Verdichter*
c	*Niederdruck-Turbine*	*i*	*Stromerzeuger*
d	*Wärmeübertrager*	*k*	*Hochdruck-Behälter*
e	*Vorkühler*	*l*	*Niederdruck-Behälter*
f	*Niederdruck-Verdichter*	*m*	*Ein-und Auslaßventil*

Abb. 46. Schema des geschlossenen Gasturbinenkreislaufs mit Reaktorkühlung durch Helium

UdSSR auf Kondensation arbeiten. Es ist aber, wie in Abb. 45 gezeigt ist, ohne weiteres möglich, die Kondensatoren als Doppelkondensatoren auszubilden und sie auf eine Fernwärmeversorgung arbeiten zu lassen.

3. *Kernkraftwerk mit Luftturbinen*

Das vorhergehende geschilderte Kraftwerk tendierte im Reaktorbau in Richtung hoher Drücke, aber mittlerer Temperaturen. Bei der Gas- und Luftturbinentechnik strebt man aber mittlere Drücke und höhere Temperaturen an, weshalb sich die Konstrukteure dieser Gruppe mit Reaktoren eines Typs befassen müssen, der diesen Anforderungen gerecht wird. Nach dem gegenwärtigen Stand der Erfahrungen scheinen gasgekühlte Reaktoren, ähnlich wie sie in Calder Hall aufgestellt worden sind, diesen Bedingungen zu entsprechen. Insbesondere gilt das für die Zusammenarbeit mit dem Luftturbinenprozeß (Abb. 46). Wie schon früher erwähnt, kann der geschlossene Luftturbinenprozeß mit Gasen wie Helium, Kohlendioxyd,

Stickstoff und so weiter als Arbeitsmittel betrieben werden, weil diese Gase beim Durchlaufen des Reaktors nicht radioaktiv werden.[1]) KELLER[2]), der bekanntlich mit ACKERET zusammen den Luftturbinenprozeß entwickelt hat, hat in einer vor kurzem erschienenen Arbeit[2]) zusammen mit WINKLER die möglichen Konstruktionen von Reaktoren erörtert, die für Luftturbinenprozesse geeignet sind und bei denen man auch Temperaturen von über 1000° C zu erreichen hofft. Hierbei werden besonders Brennstoffelemente aus Uranoxyd, Urannitrid und Uransilicid hergestellt, dabei werden auch Kombinationen dieser Substanzen mit Keramikmaterial einschließlich Magnesium- und Berylliumoxyd verwendet.

Die Gase strömen dabei durch den Reaktor direkt oder werden in einem Zwischenkreislauf durch flüssige Metalle (Natrium, Natrium-Kalium, Lithium oder dergleichen) erhitzt.

Das beste Gas für den Reaktor braucht aber nicht das beste Gas für die Maschine zu sein; auch erfordern die vielleicht notwendigen doppelten Kreisläufe des Gases recht sorgfältige Überlegungen. Aber auch ein einfacher Kreislauf mit einer Kompromißlösung, bei der man ein Mischgas aus Helium und schweren Gasen verwendet, erfordert nicht weniger sorgfältige Untersuchungen.[3])

Ein Sammelbericht über Gasturbinenkernkraftwerke, der im Mechanical Engineering[4]) erschienen ist, zieht vier Aufsätze einer Tagung zusammen, die von der American Society of Mechanical Engineers abgehalten wurde. Dieser Bericht schildert die Vorteile des geschlossenen Gasturbinen-Kernkraftwerkes wie folgt:

1. Vermeidung von Oxydationen im Reaktor.
2. Besserer Wirkungsgrad bei Teillasten.
3. Vermeidung von strahlendem Argon.
4. Bessere Wärmeleitzahl (Trennung von Druck und Wärme).
5. Möglichkeit, den Druckmantel auszuführen.

Der Bericht schließt aber mit folgenden Worten:

„Es muß nachdrücklich darauf hingewiesen werden, daß noch zahlreiche ungeklärte technische Probleme gelöst werden müssen, bevor irgendein Kernkraftwerk mit geschlossenem Gasturbinenprozeß konstruiert und betrieben werden kann. Unserer Meinung nach liegt die große Ungewißheit auf dem Gebiet der Spaltstoffelemente. Die maximalen Arbeitstemperaturen, die mechanischen Belastungen, die thermischen Beanspruchungen und die Strahlungsverluste bei hohen Temperaturen müssen theoretisch und experimentell studiert werden. Ferner muß die Diffusion von Spaltprodukten durch die Hüllen der Spaltstoffelemente unter den zu erwartenden Arbeitsbedingungen untersucht werden ..."

„Abschließend wäre festzustellen, daß man die Schwierigkeiten dieser Probleme nicht unterschätzen sollte, jedoch dürften sie nach der heutigen Erkenntnis mit Sicherheit gelöst werden."

Soweit dieser Bericht.

In den vergangenen Jahren ist Erhebliches erreicht worden. Calder Hall, zwar als Dampfkraftwerk arbeitend, ist mit mit Kohlensäure gekühlten Reaktoren in Betrieb gegangen. Aber die Entwicklung geht nur langsam voran. Die Laboratorien in der ganzen Welt berichten von den wachsenden Schwierigkeiten, die zu überwinden sind. Aber erst wenn die Luftturbinen-Kernkraftwerke laufen, ist daran zu denken, sie für Zwecke der Fernheizung einzusetzen. Dies

[1]) KELLER, Die geschlossene Gasturbine im Atom-Kraftwerk, Technische Rundschau, Bern, 47 (1955) 33, 3.

[2]) KELLER und WINKLER, Entwicklungsrichtungen für Atomkraftanlagen mit höheren Betriebstemperaturen, Escher-Wyss-Mitteilungen, 1956, H. 2, S. 55/57.

[3]) FOX, C. H., Der offene Gasturbinenprozeß in Kernkraftwerken, The Martin Co., Baltimore, Md.

[4]) Nukleare Gasturbinen 1956 S. 606/12.

ist dann vermutlich ein ganz kleines Problem. Die Wärme, die im Zwischenkühler der Abb. 46 anfällt, kann unschwer, wie schon früher geschildert wurde, an ein Fernwärmenetz abgegeben werden.

4. Kernkraftwerke mit offenen Gasturbinen

Auch bei den Kernkraftwerken mit offenen Gasturbinen sind Systeme mit Doppelkreisläufen in Verbindung mit gasgekühlten oder mit durch flüssiges Metall gekühlten Reaktoren möglich (Abb. 47), ebenso auch Einfachkreisläufe mit Gasfüllung, wobei in diesem Falle als Gas die Luft verwendet wird. Das offene Gasturbinensystem mit Reaktor ist klein und leicht;

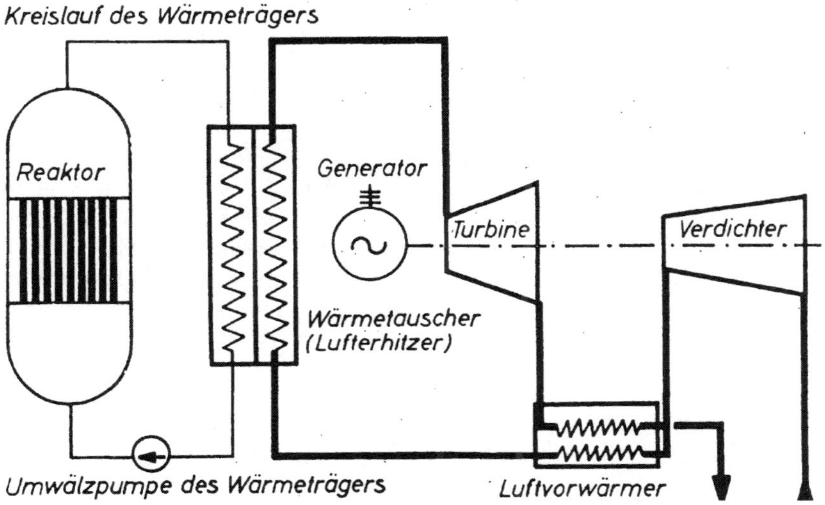

Abb. 47. Gasturbinen-Kernkraftwerk

als Hauptvorteil ist vor allem seine relative Einfachheit anzusehen.[1]) Für kleine Leistungen ist es prädestiniert (bis etwa 2000 kW).

Die amerikanischen Konstrukteure sind der Meinung, daß der Einfachkreislauf verwirklicht werden muß. Zunächst erscheint uns eine solche Lösung utopisch, besagt sie doch, daß die angesaugte Luft komprimiert und durch den Reaktor gedrückt wird, die Turbine durchströmt und dann nach Passieren des Wärmetauschers wieder ins Freie tritt, ohne daß die Luft radioaktiv beeinflußt wird.

Gegenüber dem üblichen offenen Gasturbinenprozeß hat der Gasturbinenprozeß mit Kernreaktoren den Vorteil eines Arbeitsmittels, das die Turbine niemals verschmutzen kann. Auch Leckagen brauchen die Anlage, sofern sie in erträglichen Grenzen bleiben, nicht zum Stillstand zu bringen.

Die Fülle der noch ungelösten Probleme ist hier kaum geringer als beim geschlossenen Prozeß. Erst wenn sie gemeistert sind, kann man daran denken, Kernkraftwerke, welche mit offenen Gasturbinen zusammenarbeiten, für die Zwecke der Fernwärmeversorgung mit einzusetzen. Ob man dabei die Kompressorwärme abführt oder in weiteren nachgeschalteten Wärmetauschern noch die für eine Warmwasserversorgung notwendigen Gefälle ausnutzt, ist eine konstruktive Frage, die auch den Wirkungsgrad der ganzen Anlage berührt.

---

[1]) Fox, C. H., Der offene Gasturbinenprozeß in Kernkraftwerken, The Martin Co., Baltimore, Md.

VI. WIRTSCHAFTLICHE AUSSICHTEN VON HEIZKRAFTWERKEN

A. Planungsvoraussetzungen

Zum Schluß noch einige Ausführungen über die wirtschaftlichen Aussichten von Heizkraftwerken.

Bei Heizkraftwerken mit Dampfverteilung sollte man für den Erstausbau mit einem Wärmeanschlußwert von 25 Gcal/h rechnen können. Bei Warmwasserverteilungen und hohen Stromkennziffern kann man aber schon mit etwa 15 Gcal/h beginnen.

Vor dem Kriege legte man die Wärmebedarfsdichte zugrunde und legte etwa 40 bis 50 Gcal/qkm als untere Grenze fest. Heute wird man auch hier bei Warmwasser heruntergehen können. RAISS weist in seinem Lehrbuch (S. 217)[1]) aber darauf hin, daß man besser von der Liniendichte ausgehen solle, und gibt eine spezifische Jahresmenge von 6 bis 8 Gcal/m an. Ob diese Zahl aber auf Dampf oder Warmwasser beruht, entzieht sich meiner Kenntnis.

Um weitere Anhaltspunkte zu geben, möchte ich einige Überlegungen meines Vortrages wiedergeben, den ich am 29. Oktober 1956 an der Technischen Hochschule Karlsruhe gehalten habe:

Wenn auch die Kohlen- und Wärmepreise heute nicht mehr ganz zutreffen, so sind im gleichen Zeitraum aber auch die anderen Preise für Strom, Materialien usw. entsprechend gewachsen, so daß die Relationen und Schlußfolgerungen unberührt bleiben dürften.

B. Durchgeführte Wirtschaftlichkeitsrechnungen

1. Ausgangszahlen der Untersuchung

a) Elektrische und Wärmeausgangszahlen

Aus einer Reihe durchgeführter Wirtschaftlichkeitsuntersuchungen sei das folgende Projekt wiedergegeben:

Zahlentafel 7

Wärme- und Strombedarf einer Stadt von 40000 Einwohnern

Fälle	Jahreswärmebedarf Tcal/a	Wärmehöchstlast Gcal/h	Jahresstrom-erzeugung Mio kWh	Jahreshöchst-leistung in MW
A	29,5	15,6	34,4	9,8
B	43,0	22,7	34,4	9,8
C	29,5	15,6	43,7	11,5
D	43,0	22,7	43,7	11,5
E	62,0	31,0	43,7	11,5
F	43,0	22,7	69,6	18,4
G	62,0	31,0	69,6	18,4

[1]) RIETSCHEL/RAISS, Heiz- und Lüftungstechnik, Verlag Springer 1958.

In einer Stadt mit 40000 Einwohnern und mittlerer Industrie wurden sieben Fälle untersucht.

Selbstverständlich können die gleichen Voraussetzungen auch für industrielle Heizkraftwerke vorliegen, so daß die folgenden Betrachtungen auch für die industrielle Heizkraftwirtschaft gelten.

b) Anlagekosten

Für das Heizkraftwerk wurde Dampf, für die Verteilung Warmwasser zugrunde gelegt und folgende Anlagekosten ermittelt:

Zahlentafel 8

Anlagekosten eines Fernheizkraftwerkes mit Verteilung in einer Stadt von 40000 Einwohnern

Fälle	Anlagekosten für Erzeugung und Wärmeverteilg. aufgerundet Mio DM	Davon Netz (Wärmespeicher, Pumpen, Verteilernetz) Mio DM	Elektr. Anschlußanlagen Mio DM	Kraftwerk und Unvorhergesehenes Mio DM	Insgesamt (wie Spalte 2 aufgerundet) Mio DM
A	13,0	1,8	0,1	11,1	13,0
B	13,9	2,4	0,1	11,4	13,9
C	13,0	1,8	0,1	11,1	13,0
D	13,9	2,4	0,1	11,4	13,9
E	14,7	2,9	0,1	11,7	14,7
F	17,0	2,4	1,3	13,3	17,0
G	17,6	3,0	1,3	13,3	17,6

In den Fallen A bis E wurden für die Deckung zwei Turbinen zu je 6 MW und eine Turbine gleicher Leistung als Reserve vorgesehen. In den Fällen F und G wurde die Leistung um 6 M W erhöht. Außerdem wurden Spitzen- und Reservekessel für die Fernheizung vorgesehen

2. *Wirtschaftlichkeit bei 8% Zinsen*

Für einen Zinssatz von 8% ergab sich dabei die aus Zahlentafel 9 ersichtliche Wirtschaf t lichkeitsrechnung.

Zahlentafel 9

Wirtschaftlichkeit eines Heizkraftwerkes für 40000 Einwohner bei 8% Zinsen (in 1000 DM) (unter Verzicht auf die Abrundungen der vorhergehenden Zahlentafel)

Fälle	A	B	C	D	E	F	G
Zinsen (8%)	519,4	554,6	519,4	554,6	587,6	680,4	703,8
Abschreibungen	603,0	637,2	603,0	637,2	670,7	787,5	811,4
Kapitaldienst	1122,4	1191,8	1122,4	1191,8	1258,3	1467,9	1515,2
Unterhaltungskosten	251,6	270,2	251,6	270,2	286,7	332,6	343,3
Kapitaldienst und Unterhaltungskosten	1374,0	1462,0	1374,0	1462,0	1545,0	1800,5	1858,5
Gehälter und Löhne	204,0	204,0	204,0	204,0	204,0	242,0	242,0
Sonst. Betriebs- und Bereitschaftskosten	77,0	85,0	79,0	86,0	92,0	104,5	109,5
Feste und Bereitschaftskosten	1655,0	1751,0	1657,0	1752,0	1841,0	2147,0	2210,0
Kohlekosten	1170,0	1310,0	1460,0	1550,0	1700,0	2410,0	2480,0
Jahreskosten	2825,0	3061,0	3117,0	3302,0	3541,0	4557,0	4690,0
Erlöse aus Wärmeverkauf	580,0	881,0	580,0	881,0	1245,0	881,0	1245,0
Restkosten der Stromerzeugung	2245,0	2180,0	2537,0	2421,0	2296,0	3676,0	3445,0
Spezifische Restkosten der Stromerzeugung in Pf/kWh	6,53	6,33	5,81	5,54	5,25	5,27	4,95

Der Posten „Sonstige Betriebs- und Bereitschaftskosten“ enthält die Betriebsstoffe außer Kohle, Pumpkosten, Hebedienst, Maschinenbruchversicherung, Gewerbekapitalsteuer, sonstige Steuern, Aufrundung. Die Zinsen wurden auf das betriebsnotwendige Kapital bezogen, das zu 50% des investierten Kapitals angenommen wurde, d.h. es konnte mit 4% auf das investierte Kapital gerechnet werden. Der Anteil des Kapitaldienstes ist zwar erheblich, liegt aber immer unter den Brennstoffkosten. Der Zinsanteil ist immer niedriger als der der Abschreibungen.

3. *Wirtschaftlichkeit bei verändertem Zinssatz*

Da der Bau neuer und der Ausbau bestehender Kraftwerke heute stets von dem Kreditproblem überschattet wird, wurde auch der Einfluß überhöhter Zinsen untersucht. Würden die Zinsen um 2%, also auf 10% erhöht werden, so ergäbe das eine Steigerung der Kosten in den einzelnen Fällen wie folgt:

Zahlentafel 10

Wirtschaftlichkeit eines Heizkraftwerkes für 40000 Einwohner bei 10% Zinsen

Fälle	Jahresstrombedarf Mio kWh	2% Zinserhöhung[1]) i. 1000 DM	2% Zinserhöhung[1]) i. Pf/kWh	in vH der Restkosten der vorhergehenden Aufstellung vH	Neue Restkosten der Stromerzeugung i. Pf/kWh
A	34,4	129,9	0,38	5,8	6,91
B	24,4	138,7	0,40	6,3	6,73
C	43,7	129,9	0,30	5,2	6,11
D	43,7	138,7	0,32	5,8	5,86
E	43,7	146,9	0,34	6,5	5,61
F	69,6	170,1	0,24	4;6	5,51
G	69,6	176,0	0,25	5,1	5,20

[1]) Entsprechend 1% auf das investierte Kapital.

Eine Erhöhung der Zinsen um 2% von 8 auf 10% würde also nur eine Erhöhung der Restkosten um höchstens 6,5% bringen. Die sich dann ergebenden Restkosten mit höchstens 6,91 Pf/kWh und niedrigstens 5,20 Pf/kWh sind aber bei den Stromeinkaufspreisen in der deutschen Bundesrepublik, die bei diesen Größenordnungen gefordert werden — rd. 7 bis 8 Pf/kWh —, immer noch konkurrenzfähig.

Die Berechnung würde die gleiche bleiben, wenn der Zinssatz unverändert bliebe, aber die Baukosten um 25% höher als in dem Ansatz auf Grund der Verhältnisse in der deutschen Bundesrepublik sein würden. Die Auswirkungen einer Verbilligung des Zinssatzes lassen sich gleichfalls aus der vorstehenden Aufstellung ableiten.

Unterstellt man, daß im Mittel durch den Heizkraftbetrieb 1,5 Pf/kWh an Stromkosten gespart werden, so liegt die Jahresersparnis bei den Werken der genannten Größenordnung zwischen 500000 DM und 1 Mio DM, wobei die Wärme durchschnittlich mit nur rd. 20 DM/Gcal angesetzt wurde, ein Wärmepreis, der auch heraufgesetzt werden kann, da der anlegbare Preis meistens um 30 DM/Gcal liegt. Bezogen auf das eingesetzte Kapital liegt also die jährliche Bruttoersparnis zwischen rd. 3,9% und 5,7% bei voller Deckung des Kapitaldienstes.

Diese Berechnungen wurden für Dampfkraftwerke durchgeführt. Für Luftturbinenheizkraftwerke wird man mit Restkosten rechnen können, die bei Städten dieser Größenordnung und je nach den untersuchten Fällen um 0,2 bis 0,5 Pf/kWh günstiger liegen.

4. Wirtschaftlichkeit bei einer Zusatzkostenrechnung

In einem anderen Rechnungsverfahren wurden die Überschüsse vor Steuern — wie diese auch die vorhergehenden Darstellungen auswiesen — auf die reinen Zusatzkosten gegenüber der Kondensationsstromerzeugung bezogen. Die Kosten des Stroms selbst blieben auf diese Weise unverändert.

Für zwei größere Städte, die mit Dampfheizkraftwerken arbeiten, ergaben sich dabei folgende Überschüsse vor Steuern:

Zahlentafel 11

Überschuß vor Steuern in den Heizkraftwerken zweier größerer Städte

Stadt	Wärmeabgabe im Jahr Tcal/a	Überschuß vor Steuern insgesamt Mio DM	je Gcal DM/Gcal
A	230,0	2,8	12,2
B	79,9	0,9	11,0

Der Bau und Betrieb von Heizkraftwerken ist also in Westdeutschland und allen Ländern mit gleichen Voraussetzungen, ganz gleich, welches Rechenverfahren man auch anwenden möge, sofern man die Werke sorgfältig plant und betreibt, ein sicheres und ertragreiches Geschäft.

5. Imponderabilien

Neben den rechnerischen Vorteilen wollen wir aber andere nicht vergessen:
Verbesserung der Lufthygiene,
Entlastung der Verkehrswege von Kohlen und Schlacken,
Entlastung der Hausfrau von Kohle- und Schlackentransporten,
gegebenfalls auch Einsparung von Devisen infolge Einsparung an Brennstoffen.

VII. SCHLUSSWORT

Trotz des Umfanges meiner Ausführungen konnte eine Vielzahl von Problemen, wie sie sich in der Praxis laufend ergeben, nicht behandelt werden. Dennoch bleibt die Fülle der Aufgaben, die heute dem Ingenieur auf diesem Gebiete der Heizkraftwirtschaft gestellt werden, immer wieder reizvoll und wird ihn veranlassen, sich auf weiteres technisches Neuland zu begeben. Was auf dem Gebiete der Gas- und Luftturbinentechnik und der mit ihr verbundenen Heizkraftwirtschaft gerade in den letzten Jahrzehnten geleistet wurde, ist bewundernswert, und ich schätze mich glücklich, daß ich von Anfang an dabei sein konnte. So ist mir hoffentlich gelungen, Ihnen ein möglichst farbiges Bild eines der neuesten Zweige unserer Technik geben zu können.

LITERATURÜBERSICHT

ACKERET, J. und KELLER, C., Aerodynamische Wärmekraftmaschinen mit geschlossenem Kreislauf, VDI-Zeitschrift **85** (1941) S. 491/500.

BBC-Gasturbinen, Sonderdruck der Brown, Boveri u. Cie. AG Mannheim (KS. 1008/S. 155. 1000. GKD).

BAMMERT, K., Vergleich von Dampf- und Heißluftturbinen in Heizkraftwerken kleiner und mittlerer Leistung, BWK 8 (1956) 7, S. 323/330.

BAMMERT, K., Das Verhalten einer geschlossenen Heißluftturbinenanlage als Heizkraftwerk bei veränderten Betriebsbedingungen, Konstruktion 8 (1956) S. 443/452.

BAMMERT, K., KELLER, C. und KRESS, H., Heißluftturbinenanlage mit Kohlenstaubfeuerung für Stromerzeugung und Heizwärmelieferung, BWK 8 (1956) 10, S. 471/478.

BAMMERT, K., Die Gasturbine im Heizkraftwerk, Praktische Energiekunde (1957) H. 1/2, S. 107/129.

BENENATTI, R. F., Reaktoren für hohe Temperaturen, SBZ **74** (1956) H. 36.

CHAMBADAL, P., L'intérêt des combinaisons de turbine à gaz avec des turbines à vapeur, La technique moderne **42** (1950) S. 277/285.

DANIELS, F., Small Gas-Cycle Reactor offers economic promise, Nucleonics **14** (1956) 3, S. 34/41.

ECKERT, B., Entwicklungsrichtlinien und Perspektiven der Gasturbine unter besonderer Berücksichtigung ortsbeweglicher Anlagen, MTZ **16** (1955) S. 32/42 und S. 68/73.

FOX, C. H., Der offene Gasturbinenprozeß in Kernkraftwerken. Veröffentlichung der The Martin Co., Baltimore, Md.

FRIEDRICH, F., Gasturbinen mit Gleichdruckverbrennung, Vlg. G. Braun, Karlsruhe 1949.

GAEHLER, W., Die erste industrielle kohlenstaubgefeuerte Heißluftturbinenanlage mit geschlossenem Kreislauf, Escher-Wyss-Mitteilungen **29** (1956) 2, S. 49/54.

KARRER, W., Dampf-Luft-Anlage für gleichzeitige Erzeugung mechanischer Energie und Wärme, Bull. Oerlikon Nr. 257.

KARRER, W., Gasturbinen und ihre Anwendungsgebiete, Stahl und Eisen **72** (1952) S. 885/892.

KARRER, W., The Gasturbine as a mean of securing additional output of power, Bericht vor der Brennstoffwirtschaftskonferenz, Den Haag 1947.

KELLER, C., Die ersten industriellen Heißluftturbinenanlagen mit geschlossenem Kreislauf, Escher-Wyss-Mitteilungen 1950/51.

KELLER, C., Die aerodynamische Turbine im Vergleich zu Dampf- und Gasturbine. Sonderdruck aus den Escher-Wyss-Mitteilungen 1942/43.

KELLER, C., Operating experience and design of closed cycle gas turbine power plants, ASME Paper 56-GTP-15.

KELLER, C., The Escher-Wyss-AK closed cycle turbine, its actual development and future prospects, Trans. Am. Soc. Mech. Eng. (1946) S. 791/821.

KELLER, C. und WINKLER, W., Entwicklungsrichtungen für Atomkraftanlagen mit höheren Betriebstemperaturen, Escher-Wyss-Mitteilungen **29** (1956) 2, S. 55/60.

KRESS, H., Die innengekühlte Reiterschaufelturbine der DVL, ZWB-Bericht UM 739 vom 1. 10. 43.

KRESS, H., Zur Innenkühlung von Turbinenschaufeln, Beitrag zur L. Prandtl-Festschrift der DVL 1945.

KRESS, H., Die ersten industriellen Heißluft-Kraftanlagen mit geschlossenem Kreislauf, MTZ **13** (1952) S. 197/200.

KRESS, H., Anwendungsmöglichkeiten der Gasturbine im Rahmen der Heizkraftkupplung, Praktische Energiekunde (1957) H. 1/2, S. 69/106.

KRUSCHIK, J., Die Gasturbine, Springer-Verlag, Wien 1952.

LUNDGREEN und SEIPPEL, BBC, London, Thermal Problems of Atomic Power Stations, aus Combustion, Bd. 28, H. 12, Juni 1957, S. 51/58.

MARGUERRE, F., Fernheizung als elektrizitätswirtschaftliches Problem, Elektrizitätswirtschaft (1953) S. 561ff. und S. 595ff.

MUSIL, L., Gasturbinenkraftwerke, Springer-Verlag, 1947.

PAUKER, F., Neuere Vorschläge zu dem Gas-Dampf-Verfahren, Bericht 28 G 1/6 der V. Weltkraftkonferenz, Wien 1956.

PFENNINGER, H., Stand der Verbrennungsturbine und ihre wirtschaftlichen Aussichten, MTZ 8 (1947) S. 1/7.

QUIBY, H., Compte-rendue des essais de la turbine aérodynamique Escher-Wyss AK, Revue Polytechnique Suisse, 9/16. 6. 47.

RETTALIATA, J. T., The Combustion Gas Turbine Transact. Am. Soc. Mech. Eng., Bd. 63 [Auszug in MTZ 6 (1944) S. 35/36].

RIETSCHEL, H. und RAISS, W., H. RIETSCHELS Lehrbuch der Heiz- und Lüftungstechnik, Springer-Verlag, 1958.

ROBINSON, S. T., Design study for a 60-MW closed-cycle gas-turbine nuclear power reactor, ATC-54-12, Technical information service Oak-Ridge, Tennessee.

SAWYER, T., Applied atomic energy, Prentice-Hall, New York, 1946, S. 141.

SCHMIDT, F. A., Verbrennungsmotoren, 2. Aufl., J. Springer.

SCHNEE, J. I., Theorie der Gasturbinen, Verlag Technik, Berlin 1952.

STODOLA, A., Leistungs- und Regelversuche an einem Velox-Dampferzeuger, ZVDI **79** (1935) S. 429/436.

STOFFEL, W., Erfahrungen mit der kohlenstaubgefeuerten 2000/3000-kW-Heißluftturbinenanlage bei der Escher-Wyss-GmbH in Ravensburg, VIK-Mitteilungen Nr. 5/6 (1956) S. 80/86.

STROEHLEN, R., Die neuere Entwicklung der Gasturbinen, 1957, S. 228/231 und S. 206/209.

SZERESZEWSKI, P., La Centrale de 6000 kW de Cherbourg, Le Genie Civil **76** (1956) S. 409/413.

TAYGUN, F., Heißluftturbinenanlagen mit geschlossenem Kreislauf, Schweizer Bauzeitung **75** (1957) Nr. 24 und 25.

WHITE, A. O., The place of the gasturbines in electric power generation, Combustion **27** (1955/56) S. 49/56.

WOLF, M., Rozwój zdalnego zaopatrywania w ciepło od ciepłowni do ciepłosiłowni nuklearej. Biuletyn katedry cieplnych maszyn przepływowych politechniki Łozkiej, 1958, Nr. 16.

WOLF, M., Städteheizung und städtische Stromversorgung rationeller durch die Heißluftturbine. Vortrag in der Westfalenhalle Dortmund am 7. 7. 55, erschienen als Gelbheft Nr. 18 des Verbandes kommunaler Unternehmen, Köln.

WOLF, M., Die volks- und betriebswirtschaftliche Bedeutung der Heizkraftkupplung, Vortrag Technische Hochschule Karlsruhe, erschienen in Praktische Energiekunde **5** (1957) 1/2, S. 17/68.

WOLF, M., Die Entwicklung der Fernwärmeversorgung vom Heizwerk zum Heizkraftwerk auf atomarer Grundlage. Vortrag in der slowenischen Elektrizitätsgesellschaft „Elektrogospodarska skupnost Slovenije" am 3. 9. 58 in Ljubljana, Jugoslawien (im Druck).

WOLF, M., Gesichtspunkte für die Planung von Fernwärmeversorgungen und Heizkraftkupplungen und ihrer wirtschaftlichen Möglichkeiten. Vortrag gehalten am 10. 10. 58 in einer Gemeinschaftsveranstaltung des ungarischen Energievereins und der Technischen Hochschule Budapest in Budapest (im Druck).

Die im Text gebrachten Abbildungen wurden, soweit sie nicht der Literatur entnommen oder vom Verfasser entwickelt wurden, von folgenden Firmen zur Verfügung gestellt:

Escher-Wyss 1, 2, 3, 8, 9, 11, 12, 13, 14, 15, 16, 17, 18, 19, 20, 21, 22, 46
GHH 10, 24
BBC 23, 25, 26, 27, 28
Demag-Modag 32, 34, 35